BIBLIOTHÈQUE

USUELLE

DES VILLES & DES CAMPAGNES

PAR

GILLET-DAMITTE

Ancien Inspecteur de l'Instruction primaire, Breveté pour l'Instruction primaire élémentaire, supérieure et secondaire; Lauréat de la Société pour l'Instruction primaire et de l'Athénée de Paris; Membre correspondant de la Société d'Archéologie d'Eure-et-Loir, de la Société Académique d'Orléans; Officier de l'Instruction publique; Chevalier de l'Ordre impérial du Lion et du Soleil, de la Perse.

Les ouvrages les plus courts
Sont toujours les meilleurs.

(LAFONTAINE.)

AGRICULTURE.

AMENDEMENTS
ET
ENGRAIS.

Prix : 30 cent.; avec planches, 35 cent.

PARIS,

LIBRAIRIE DE Ch. BLÉRIOT, ÉDITEUR,
55, Quai des Grands-Augustins, 55.

Pour contribuer, par nos efforts, aux bienfaits de l'Enseignement élémentaire, nous avons composé la *Bibliothèque usuelle de l'Instruction primaire*. Favorisé dans cette œuvre par le concours d'un homme connu par son dévouement à l'Instruction publique autant que par son mérite comme éditeur, et par son talent comme typographe [1], nous avons eu le bonheur de surmonter les difficultés multipliées que présentait cette tâche dans la rédaction et dans la disposition typographique des vingt-cinq volumes de cette utile collection. MM. les Instituteurs et les pères de famille ont accueilli avec une bienveillance marquée dont nous les remercions, ces modestes travaux.

Excité par ce succès, nous avons entrepris la publication de la *Bibliothèque usuelle des Villes et des Campagnes*. Propager dans la société par des ouvrages à bon marché, et résumant, d'une manière claire, les notions indispensables qui se rapportent à l'agriculture, au commerce, aux arts professionnels, à l'économie rurale, au jardinage, aux métiers, à l'économie domestique, à l'élève des animaux utiles, à tout ce qui tient au bien-être, au profit ou à l'agrément des personnes de la ville et des campagnes; fournir à tous, dans un cadre resserré, des précis méthodiques où chacun puisse trouver, relire ou apprendre, sans dépense d'argent et sans l'emploi d'un temps considérable, les détails relatifs à ses travaux, à ses goûts ou à son ménage, comme propriétaire, ouvrier, comme père ou mère de famille; contribuer enfin, quoique d'une manière modeste, à la prospérité de la patrie en éclairant le travail, en facilitant l'utile emploi du temps : tel est le but que nous avons cherché à atteindre en publiant la *Bibliothèque usuelle des Villes et des Campagnes*.

Puisse le public encourager aussi ces nouveaux travaux que nous lui offrons.

Dans l'Agriculture, si la science paraît arrivée au plus haut point de ses théories et au faîte de ses démonstrations, il faut avouer que, malgré la constante sollicitude du gouvernement, malgré les encouragements incessants des Comices, la pratique, dans nos campagnes, est encore loin des traditions éprouvées de la science. Effrayée par les gros volumes, la population agricole semble dédaigner des livres estimables d'ailleurs qui, à son avis, lui prescrivent beaucoup plus qu'elle ne peut faire; elle se rabat, en se roidissant, sur la routine.

Sous le titre *Amendements et Engrais*, nous lui offrons les éléments simplifiés de l'art pour fertiliser les terres. Ces éléments, nous les avons résumés des ouvrages des agronomes les plus distingués, les Puvis, les De Morogues, I. Pierre et les Quenard; enfin du cours de chimie agricole, professé d'une manière si remarquable par M. Gaucheron, à Orléans. Ce cours, rédigé avec autant de clarté que d'élégance par M. A. Cotelle, avocat, est publié sous les auspices du Comice d'Orléans.

GILLET-DAMITTE.

[1] M. J. Delalain, Chevalier de la Légion-d'Honneur, Officier de l'Académie de Paris, etc.

AMENDEMENTS ET ENGRAIS.

La nature que l'agriculteur est appelé à contempler opère d'innombrables merveilles où, partout, se montre le doigt d'un Dieu tout-puissant et infiniment bon. Ces merveilles étudiées et approfondies forment la science. Si celui qui cultive la terre n'est pas appelé au titre de savant, il doit au moins connaître les éléments des végétaux, les substances dont ils se nourrissent, les influences qui en favorisent le développement, les procédés qui peuvent en augmenter les produits. Il lui est indispensable de posséder quelques notions générales sur la nature et les propriétés des corps, leur composition et leur décomposition, le calorique, la lumière, l'électricité, l'atmosphère et les principaux phénomènes qui influent sur les opérations agricoles. Sans ces notions, l'art agricole est une routine aveugle. La routine est le barrage du progrès.

Notions élémentaires de chimie.

NATURE ET PROPRIÉTÉS DES CORPS. — Tous les objets qui frappent nos sens sont des corps. Les uns, comme les animaux, les arbres et les plantes, doués d'instruments ou organes qui concourent à leur existence et à leur développement, sont appelés *corps organiques;* les autres, dépourvus d'organes, comme l'air, l'eau, la terre, la pierre, sont bruts et inertes ; on les nomme *corps inorganiques.* Les corps peuvent s'offrir à nous sous trois états, l'état *solide,* comme la pierre, le fer, le bois ; l'état *liquide,* comme l'*eau,* le *lait,* le *vin*; l'état *gazeux* ou de *gaz,* comme l'air, la vapeur. Les corps, sous quelque état qu'ils se présentent à nous, sont formés d'assemblages de portions infiniment petites appelées *molécules,* qui tendent sans cesse à se reprocher en vertu d'une loi naturelle appelée *attraction* ou *cohésion.* Les molécules néanmoins laissent entre elles des interstices qu'on nomme *pores*. Tout les corps sont poreux. Un même corps, selon les circonstances, peut passer par les trois états. L'eau, ordinairement liquide, devient solide par la gelée et existe à l'état de vapeur dans les nuages. Si l'on chauffe un morceau de glace, il se fond et se réduit en eau ; si l'on continue de chauffer l'eau qui résulte de la glace jusqu'à la faire bouillir, on parvient à la convertir en vapeur. Si cette vapeur est recueillie dans un vase, et qu'on la laisse refroidir, elle se déposera en gouttelettes d'eau sur les parois du vase ; elle pourrait se congeler de nouveau[1]. Ce changement d'état du corps est dû à la chaleur dont la cause est nommée *calorique*. Cette influence de la chaleur qui tend toujours à s'insinuer dans les pores des corps en écartant leurs molécules, se nomme *force expansible du calorique*.

Des fluides incoercibles. — *Du calorique.* On nomme fluides tous les corps dans lesquels la force expansive du calorique a détruit l'adhérence des molécules ; tels sont tous les liquides et tous les gaz. — Le calorique pénètre tous les corps, les dilate, c'est-à-dire augmente leur volume sans en augmenter le poids et tend constamment à se mettre en équilibre dans la nature, les corps chauds cédant de la chaleur aux corps froids, et ces derniers en prenant aux corps chauds, jusqu'à ce que l'équilibre soit parfait. L'équilibre du calorique est la *température*. Cependant tous les corps ne se laissent pas pénétrer avec la même facilité par le calorique. Les surfaces blanches et polies ont la propriété de le repousser, tandis que les surfaces noires et raboteuses l'absorbent avec avidité. Les principales sources du calorique sont le soleil et les corps qui brûlent. La chaleur qu'ils produisent se répand dans l'espace, pénètre tous les corps et s'y établit tant à l'intérieur qu'à l'extérieur. C'est sous l'influence de la chaleur douce et humide du printemps que se font dans la graine les modifications chimiques indispensables à la germination, et que les racines puisent dans les matières fermentescibles du sol les sucs fécondants et que les gaz nourriciers commencent à se répandre dans l'air au profit des jeunes feuilles. Toute plante accomplit ses diverses phases végétatives sous l'influence de

[1] Un corps gazeux ou un gaz conserve son état fluide à toutes les températures.

températures spéciales à ces phases. — Le froid produit des effets tout contraires. Quand, dans nos climats, il augmente peu à peu, il n'est point dangereux ; mais lorsqu'il survient d'une manière intempestive ou subite, il occasionne des dommages souvent irrémédiables. En raison de cette propriété du calorique, qui pénètre les corps et les dilate, on lui a donné, comme aux gaz, le nom de fluide, et, comme on ne peut l'enfermer dans un vase ni lui trouver aucun poids, on l'a appelé fluide *incoercible, impondérable.* La lumière, qui émane du soleil, des astres ou des corps enflammés ; l'électricité qui se dégage de certaines matières par le frottement comme le verre ou les résines, que la chaleur produit et accumule parfois en excès dans les nuages où elle détermine les *éclairs,* la *foudre* ou le *tonnerre* et précède les orages, sont encore des fluides incoercibles. Dans les années orageuses, la vie végétale est plus active dans toutes ses périodes. Si l'on en excepte la germination à laquelle l'obscurité est une circonstance favorable, tous les phénomènes de la végétation exigent la lumière pour s'accomplir dans tous leurs développements.

DE LA COMPOSITION DES CORPS. — Les corps sont composés d'éléments soit isolés, soit combinés entre eux. Les principaux éléments des corps qu'il importe au cultivateur de connaître sont ceux qui concourent à la composition de l'air, de l'eau, des terres, des substances végétales, des amendements et des engrais. — L'*air* n'est pas un corps simple, mais bien un composé de deux gaz, l'oxygène et l'azote [1]. qui sont l'un et l'autre sans couleur, sans saveur et sans odeur, mais qui diffèrent entre eux par certaines propriétés. — L'*oxygène* est un gaz sans lequel l'homme ni les animaux ne peuvent vivre et qui opère la combustion des corps enflammés. C'est un des agents les plus actifs de la nature. — L'*azote,* dont la propriété principale semble être de tempérer la trop grande énergie de l'oxygène, est un gaz impropre à la combustion des corps et à la respiration de l'homme et des animaux. Un homme ou un animal renfermé dans un espace étroit et hermétiquement fermé, absorbe promptement l'oxygène de l'air par la respiration. Il étouffe, parce qu'il n'a

[1] 24 parties d'oxygène, 76 d'azote.

plus d'oxygène au service de sa vie, son réduit ne contenant plus que de l'azote. Ce gaz est très-abondant dans les substances animales et végétales; c'est pourquoi de tous les éléments essentiels à la croissance des plantes, il n'en est pas dont l'utilité soit plus générale et la présence plus indispensable que celle de l'azote; on doit donc regarder comme constant, que la matière azotée préside à tous les développements des végétaux. — L'*eau* est un composé de deux gaz, l'oxygène et l'hydrogène dont la combinaison forme ce corps liquide. L'hydrogène, qu'on obtient de la décomposition de l'eau, s'appelle aussi air inflammable parce qu'il brûle au contact avec l'oxygène de l'air; de même que l'azote, il est aussi impropre à la respiration. L'eau est indispensable aux plantes, qui s'assimilent ces deux corps gazeux, et parce qu'elle est le véhicule qui leur apporte les matériaux, notamment l'acide carbonique, à l'aide desquels elles se nourrissent et se développent. — Les *terres* sont des débris de roches d'une composition variable. Trois substances principales s'y trouvent ordinairement : l'argile, la silice, le calcaire, auxquelles il faut ajouter l'oxyde de fer. — L'*argile* est une combinaison de silice et d'alumine, douce et grasse au toucher, susceptible de se délayer et de faire pâte avec l'eau. On la connaît aussi sous les noms de *glaise, terre à poterie, terre à pipe.* — La *silice* ou le sable est une terre pulvérulente, grenue, rude au toucher, insoluble dans l'eau et provenant d'une roche de la nature de la pierre à fusil. — Le *calcaire* ou pierre à chaux est une matière blanchâtre, peu soluble dans l'eau pure et de même nature que la craie. Chauffée au rouge, la craie donne la chaux vive. — L'*oxyde de fer* est une matière rougeâtre résultant de la combustion du fer avec l'oxygène. La rouille, qui attaque le fer, contient de l'oxyde de ce métal. — Les substances *végétales* sont composées de matières organiques et de matières inorganiques. Quand on soumet un morceau de bois à l'action du feu, une partie de la substance sera brûlée, et l'autre, incombustible, se présentera sous la forme de cendres. Les matières brûlées constituent la partie organique, et les cendres représentent la partie inorganique. Les parties *organiques* des végétaux renferment ordinairement quatre éléments : l'oxygène, l'azote, l'hydrogène et le carbone. Les trois premiers ont déjà été mentionnés comme corps gazeux. Le *carbone* est un corps solide ; c'est la matière dont se composent le charbon de bois et le noir de fumée. Les parties *inorganiques* des plantes sont plus compliquées. On y trouve de la potasse, de la soude, de la magnésie, de la chaux, de la silice, de l'oxyde de fer, du chlore et du phosphore. — La *potasse* et la *soude* sont des matières blanches, pulvérulentes, ayant une saveur particulière que l'on nomme *alcaline*. On obtient la potasse d'une lessive de cendres de bois qu'on fait bouillir jusqu'à complète évaporation. La soude provient d'une lessive de cendres de plantes marines traitées de la même manière. La *magnésie* est aussi une terre blanche d'une saveur peu sensible, provenant de la décomposition de roches dans lesquelles elle est très-souvent associée à la chaux. Le *chlore* est un gaz d'une odeur suffocante et d'une couleur jaune verdâtre. On peut l'extraire du sel de cuisine par des procédés chimiques. — Le *soufre* est vulgairement connu. — Le *phosphore* est un corps solide, blanc, d'une odeur d'ail très-marquée ; on l'emploie pour la fabrication des allumettes chimiques.

Des Acides, des Alcalis et des Sels.

Les quatre gaz, oxygène, hydrogène, azote et chlore, ainsi que le carbone, le soufre et le phosphore, ont la propriété de se combiner entre eux pour former des composés, parmi lesquels nous devons distinguer ceux qu'on appelle *acides* : l'acide carbonique, l'acide sulfurique, l'acide phosphorique, l'acide azotique ou nitrique, l'acide hydrochlorique et l'acide hydrosulfurique. — L'*acide carbonique* composé d'oxygène et de carbone est un gaz sans odeur ni couleur, d'une saveur un peu acide, et impropre à la combustion et à la respiration. Toutes les liqueurs en fermentation, toute combustion, toute respiration en produisent. Il existe uni à la chaux dans la craie. Un peu d'eau forte (acide nitrique) ou de fort vinaigre l'en sépare. — L'*acide sulfurique*, composé d'oxygène et de soufre, est un liquide d'une saveur acide et brûlante, vulgairement appelé huile de vitriol. Il est combiné à la chaux dans le *plâtre* ou *gypse*. — L'*acide phos*-

phorique, composé d'oxygène et de phosphore, est un solide sans couleur ni odeur; on le trouve combiné avec la chaux dans les ossements des animaux. — *L'acide nitrique*, composé d'oxygène et d'azote, est un liquide d'une odeur pénétrante, d'une saveur très-acide, brûlant et rongeant presque tous les corps avec lesquels il est en contact. On le nomme aussi *acide azotique* et *eau forte*. Combiné avec la potasse, il forme le salpêtre. *L'acide hydrochlorique*, composé d'hydrogène et de chlore, est un gaz d'une saveur très-acide, d'une odeur piquante et malsaine, et très-soluble dans l'eau. On le connaît dans l'industrie sous le nom d'esprit de sel, parce qu'on l'extrait du sel de cuisine. — *L'acide hydrosulfurique*, composé d'hydrogène et de soufre, est un gaz incolore, soluble dans l'eau, d'une odeur d'œufs pourris, impropre à la respiration; c'est le gaz fétide qui se dégage des lieux d'aisance et des matières animales en décomposition. On le nomme aussi *hydrogène sulfuré*. — Tous les acides ont la propriété de rougir les couleurs bleues végétales. Quand on met en contact avec les acides des bandes de papier colorées en bleu par la teinture de tournesol, ces bandes de papier deviennent rouges. — D'autres substances ont la propriété de verdir les couleurs bleues végétales. Ce sont les *alcalis* : telles sont la potasse, la soude, la chaux, l'ammoniaque; elles ramènent au bleu le papier de tournesol rougi par les acides.

L'ammoniaque, nommé aussi *alcali volatil*, est un corps volatil gazeux, d'une odeur forte et piquante; il est formé de trois volumes d'azote et d'un volume d'hydrogène. Il existe abondamment dans les urines et dans les fumiers des animaux, d'où il se dégage par la fermentation. Il se combine alors avec l'acide carbonique et forme un composé fertilisant, qu'on nomme carbonate d'ammoniaque, qui est très-volatil. Ce gaz est soluble dans l'eau, qui en dissout 430 fois son volume, ou à peu près le tiers de son poids. On en constate la présence au moyen d'une plume trempée dans du vinaigre. S'il y a dégagement d'ammoniaque, il se forme immédiatement une fumée blanche. Le carbonate d'ammoniaque fournit à la plupart des végétaux la partie la plus essentielle de leur alimentation en raison de la grande quantité d'azote qu'il contient. Formée dans les engrais en décomposition, l'ammoniaque se dissout dans le sol au moyen des eaux pluviales, pour être ensuite absorbée par les racines des plantes. — Les acides et les alcalis ont une grande propension à se combiner ensemble. Ainsi, l'acide carbonique, s'unissant à la chaux, à la potasse, à la soude ou à l'ammoniaque, forme des carbonates de chaux, de potasse, de soude, d'ammoniaque ; l'acide sulfurique forme, avec les mêmes alcalis, des sulfates ; l'acide phosphorique, des phosphates ; l'acide nitrique, des nitrates ; l'acide hydrochlorique ou chlorhydrique, des chlorhydrates. Ces nouvelles combinaisons se nomment *sels*, et quand elles ne conservent ni la propriété de rougir, ni celle de verdir les couleurs bleues végétales, on les appelle *sels neutres*.

Cette tendance que les corps organiques de nature différente ont de s'unir les uns aux autres se nomme *affinité*; elle est quelquefois tellement forte entre certains corps qu'ils abandonnent ceux avec lesquels ils sont combinés pour se combiner avec d'autres. Cette préférence de certains corps pour se combiner avec d'autres se nomme *affinité élective*, et donne lieu à une foule d'échanges, qui, métamorphosant la matière, la rendent plus ou moins propre à être absorbée par les végétaux. Un des phénomènes de l'affinité élective, que ne doit pas ignorer l'agriculteur, c'est que tous les sels à base d'ammoniaque sont décomposés par la chaux, la potasse et la soude ; il se forme un nouveau sel à base de chaux, de potasse ou de soude, et l'ammoniaque, rendue à la liberté, se volatilise ou se combine avec d'autres acides pour lesquels elle a de l'affinité, comme l'acide carbonique, par exemple, et forme des sels nouveaux. Enfin, il importe encore au cultivateur de distinguer les sels solubles d'avec les sels insolubles. En général, tous les sels à base de potasse, de soude ou d'ammoniaque sont solubles dans l'eau ; il en est de même de tous les nitrates ou chlorhydrates, quelle qu'en soit la base ; mais le sulfate, le phosphate, le carbonate de chaux, l'oxyde de fer, le phosphate de fer, de magnésie, sont insolubles dans l'eau ordinaire et solubles dans les acides, par conséquent dans une eau chargée d'acide carbonique [1].

[1] Raingo.

DE L'ATMOSPHÈRE. — L'atmosphère est ce milieu gazeux qui entoure le globe terrestre. L'air qui la forme est, comme on sait, un mélange d'oxygène et d'azote. Il contient, en outre, plus ou moins de vapeur d'eau, une certaine quantité d'acide carbonique et toutes les exhalaisons qui se dégagent du sein de la terre ainsi que des animaux et des végétaux qui vivent à sa surface. L'air est le grand réservoir commun auquel les animaux rendent le carbone qui a servi à l'accomplissement de leurs fonctions respiratoires et où les végétaux, par leurs feuilles, viennent puiser ce même élément pour se l'assimiler et le remettre dans un état tel qu'il puisse être employé de nouveau comme aliment par les animaux. Les principales propriétés physiques de l'air sont la pesanteur, la compressibilité et l'élasticité. L'air détermine la circulation de la séve et procure aux végétaux les principes nutritifs qui se dégagent du sol en se volatilisant. Il contribue principalement à la dissolution et à la décomposition des engrais contenus dans le sol. De là, nécessité de remuer la terre avec la charrue, la bêche ou la houe. — *De l'humidité et de la sécheresse de l'atmosphère.* La *vapeur d'eau* existe en proportion très-variable dans l'atmosphère. L'air en dissout d'autant plus que la température est plus élevée et en abandonne quand la température baisse ; c'est ainsi que le refroidissement de l'air, dans les nuits d'été et d'automne, détermine une abondante condensation de vapeurs, qui se déposent sur la terre ou sur les plantes en forme de rosée. Réciproquement, l'eau tient toujours une certaine quantité d'air en dissolution ; celle qui coule à la surface de la terre, en contient 1 litre sur 25. L'air ainsi dissous est plus riche en oxygène, il en contient une partie sur deux d'azote, au lieu d'une partie sur quatre d'azote. — L'eau répandue dans l'atmosphère agit sur les feuilles à peu près de la même manière que l'eau de la terre sur les racines. *Trop d'humidité* dans l'air, pendant la belle saison, peut devenir nuisible aux récoltes, et l'excessive sécheresse n'est pas moins redoutable. L'art est assez impuissant dans ces deux alternatives ; mais la providence de Dieu est grande. L'agriculteur ne saurait trop y placer sa confiance. — *Effets de l'humidité et de la sécheresse sur le sol.* A l'époque des chaleurs, l'humidité du sol favorise la germination,

soit en produisant la décomposition des amendements et
des engrais, soit en servant elle-même d'aliment aux racines, soit enfin en rendant le terrain plus perméable à l'air.
Mais l'humidité surabondante fait souvent pourrir les ger-
mes et nuit toujours à la production et à la qualité des fruits
et des graines. A l'époque des froids, l'humidité du sol contribue à rendre l'effet des gelées plus funeste. Les sols humides sont froids et tardifs ; mais à la saison des sécheresses, ils conservent mieux que d'autres leur fertilité. Au
contraire, les terres qui ne se pénètrent pas d'eau sont pré-
coces, mais les chaleurs de l'été ne tardent pas à arrêter
leur végétation ou à la détruire. Le cultivateur a donc un
grand intérêt à éviter l'humidité excessive du sol et à empêcher la diminution de celle qu'il y rencontre dans de bonnes
proportions. C'est par des travaux de desséchement, d'é-
coulement, de drainage, que l'excès d'humidité du sol peut
être fructueusement combattue, atténuée. Les *irrigations*
dans la grande culture, quand elles sont praticables, les *ar-
rosements*, le *paillage*, les *couvertures*, offrent aujourd'hui
d'heureux moyens propres à neutraliser ou à retarder l'effet
d'une sécheresse qui accélère l'évaporation de l'humidité
fertilisante du sol.

DES VENTS. — L'air agité produit les vents. Comme il est
indispensable que la couche d'air, dont les récoltes ont épuisé
l'acide carbonique, soit remplacée par une nouvelle, et que
l'humidité d'un lieu soit répartie sur toute la masse gazeuse
qui lui est superposée ; enfin, que les gaz délétères retenus à
la surface de la terre soient agités et mélangés dans les diverses parties de l'atmosphère, ce sont les vents qui, dans
la nature, sont chargés, par l'harmonie de la création, de
faire cette salutaire répartition. Ils sont, en outre, le véhicule
de la poussière fécondante des végétaux et d'une multitude de
graines. Les vents possèdent diverses propriétés : saturés
d'une humidité, accompagnée de chaleur, ils favorisent les
progrès de la végétation ; ils sont *nourrissants*. Quand ils
sont secs, sous leur influence désastreuse, pendant le cours
de la belle saison, il arrive fréquemment que le sol se dessèche plus vite que par l'action d'un soleil brûlant. La germination ne peut s'opérer, les feuilles se flétrissent, les
fleurs et les fruits se détachent.

Du climat. — L'influence de l'atmosphère peut varier à l'infini par rapport aux diverses parties de la terre et y déterminer divers états ou variations de chaleur, de froid, d'humidité ou de sécheresse. Cette situation d'une contrée par rapport aux influences atmosphériques est le *climat*. Chaque contrée a son climat qui exige des cultures spéciales. Tout agriculteur intelligent étudie le climat sous lequel est située son exploitation.

Des observations météorologiques. — Tous les faits qui s'accomplissent dans l'atmosphère, et qu'on nomme *phénomènes météorologiques*, sont l'objet de la science météorologique. Les phénomènes qu'il importe au cultivateur de connaître sont: la *température*, la *pesanteur*, l'*humidité* et la *direction de l'air*. — La température de l'air s'observe au moyen d'un instrument très-connu, nommé *thermomètre*. — La pesanteur de l'air s'observe au moyen d'un instrument nommé *baromètre*. Le baromètre monte, ordinairement, plus ou moins le matin de neuf à dix heures; puis descend jusqu'à trois ou quatre heures pour remonter ensuite; les mouvements contraires à cette marche sont des indices de changement de temps. Quand les agitations du baromètre sont plus marquées, signe d'orage. Il remonte précipitamment quand l'orage est près de finir. Quand il descend par un temps chaud, c'est encore signe d'orage; quand il monte par un temps froid, c'est signe de dégel. Un gros temps accompagné de la baisse subite du baromètre ne durera pas longtemps. Il en est de même du beau temps accompagné d'une hausse instantanée. Les instruments qui servent à faire connaître le degré d'humidité de l'air, se nomment *hygromètres*. Ces instruments sont nombreux. Les plus simples et les moins chers sont ces figures en bois peint de capucins, d'ermites, etc., auxquelles sont adaptées des cordes à boyaux dont la propriété de diminuer de longueur par l'humidité fait mouvoir un capuchon qui couvre la figure et qui se rabat par la sécheresse, quand la corde s'allonge. La direction des vents s'observe à l'aide de *girouettes*. Il suffit d'avoir habité quelque temps une contrée pour en connaître les vents dominants et leurs bonnes ou mauvaises qualités.

Du Sol et de sa composition.

Avant de traiter des amendements, il convient de définir le sol et les éléments qui le composent. — On appelle *sol* la couche de terre meuble dans laquelle les végétaux fixent et étendent leurs racines. Trois substances principales entrent dans la composition des terres ; ce sont, comme nous l'avons déjà vu, page 4, l'*argile*, la *silice* ou le *sable*, et la *chaux*, auxquelles il faut ajouter l'*humus* ou *terreau*[1].

L'humus ou terreau est une matière formée de débris de végétaux ou d'animaux en décomposition que les cultures, les engrais ou la nature ont déposés à la surface du sol. Il constitue une partie du sol fertile. Tout sol contient de l'humus en plus ou moins grande quantité. Comme les végétaux et les animaux dont cette matière provient, l'humus contient de l'hydrogène, de l'oxygène, du carbone et de l'azote. — Prises isolément, l'argile, la silice et la chaux sont impropres à la végétation. C'est de leur mélange que résulte une terre cultivable, pourvu, toutefois, que cette terre contienne un peu d'humus. Les fonctions du sol consistent principalement à fournir aux plantes une base meuble dans laquelle les radicules puissent se développer et s'étendre, à recueillir et à conserver le calorique et l'humidité indispensables à la végétation, à contenir les matières organiques que la nature et l'art confient dans son sein pour les distribuer aux organes des végétaux au fur et à mesure de leurs besoins. — C'est pourquoi il faut admettre que la *porosité* et l'*humidité* des terres sont les deux conditions principales de leur fertilité. Voyons comment ces conditions seront remplies par les différentes natures de sols. — L'argile aime beaucoup l'humidité, la retient fortement et forme avec l'eau une pâte tenace qui, en été, devient d'une dureté extrême : un sol purement argileux est humide, froid, compacte et peu propre à la culture. L'argile a la pro-

---

[1] De plus, la science récente, par ses analyses, a découvert que tout sol contient en outre, plus ou moins, de la magnésie, de l'acide phosphorique et des phosphates, du carbonate de potasse, de soude, du sel marin, de l'oxyde et du sulfate de fer, du manganèse, du sulfate de chaux (plâtre), de l'azote, de l'ammoniaque et des nitrates.

priété importante de condenser le gaz ammoniaque de l'atmosphère ou des fumiers et de le tenir en réserve pour le rendre lorsqu'elle en est saturée. — La silice est, il est vrai, poreuse, mais elle n'attire ni ne retient l'humidité, et ses molécules, quelque humides qu'elles puissent être, n'ont aucune liaison entre elles. Insoluble dans l'eau, dans les acides, la silice se dissout pourtant dans les alcalis. Un sol purement siliceux est donc sec, aride et stérile. — Le calcaire n'est soluble dans l'eau que quand l'eau est mélangée d'acide carbonique. Cependant il absorbe l'humidité, mais il la perd facilement par l'évaporation et se réduit en poussière. Un sol tout à fait calcaire est sec, chaud, maigre et nullement favorable à la végétation. Un bon sol sera celui qui contiendra ces différentes terres dans de justes proportions. L'expérience a démontré qu'un mélange formé moitié d'argile et moitié de silice et de calcaire en quantités égales, constitue un sol excellent. Par le mélange de la silice avec l'argile, la première devient plus consistante et la seconde plus meuble ; par le mélange d'argile et de calcaire, le calcaire devient plus apte à conserver l'humidité. Un simple mélange de sable et de calcaire forme rarement un bon sol. Néanmoins les proportions qui constituent un mélange avantageux à la culture varient selon les climats. Les sables d'Afrique, sous la zone torride, sont d'une désolante stérilité, tandis que les sables de la Belgique, où règnent une atmosphère humide et une température moins élevée, peuvent acquérir une certaine fertilité.

Différentes espèces de Sols.

Selon que l'argile, la silice et le calcaire domine dans la masse du sol cultivable, on distingue trois principales espèces de terre qu'on nomme *terres argileuses* ou *glaiseuses*, *terres sableuses*, *terres calcaires*.

TERRES ARGILEUSES. — Les terres argileuses prennent différents noms selon qu'elles contiennent du sable, de la chaux carbonatée et de l'oxyde de fer en des proportions appréciables qui modifient leurs propriétés. C'est ainsi qu'on distingue, malgré une foule de nuances impossibles à décrire utilement, les *terres argilo-sableuses*, les *terres argilo-calcaires*, les *terres argilo-ferrugineuses*.

Terres argilo-sableuses. Les terres argilo-sableuses dans leurs rapports avec l'agriculture sont divisées en *terres fortes* et en *terres franches*. Les terres fortes sont des terres qui contiennent environ 50 p. $\%$ d'argile, 30 p. $\%$ de sable et 20 p. $\%$ de calcaire et d'humus. Quand les terres fortes sont situées dans des localités basses, elles deviennent excessivement humides et elles prennent plus particulièrement le nom de *terres froides*. Le meilleur parti à tirer de ces terres, c'est de les planter en arbres. Les terres franches sont des terres intermédiaires en pratique des sols argileux aux sols sableux. Elles semblent en quelque sorte faire partie des uns et des autres. Elles contiennent du sable dans une proportion qui varie depuis 30 jusqu'à 50 p. $\%$. Ces terres ont rarement besoin d'amendements, s'accommodent de tous les engrais ; toutes les céréales et la plupart des plantes industrielles y prospèrent.

Terres argilo-calcaires. Depuis les argiles qui contiennent une faible quantité de carbonate de chaux jusqu'à celles qui perdent ce nom pour prendre celui de terres calcaires proprement dites, il existe une série nombreuse de nuances qui ne sont pas utiles à décrire. Lorsque le carbonate de chaux des terres argilo-calcaires se présente à l'état de sable, elles sont peu différentes, en culture, des terres argilo-sableuses, mais lorsque l'argile et le calcaire forment, par une combinaison intime, une masse en apparence de même nature, ce sont comme des argiles marneuses qui, autant et même plus que les sols glaiseux, conservent les eaux de pluies.

Terres argilo-ferrugineuses. Ces terres contiennent quelquefois une si grande quantité d'oxyde de fer qu'elles ressemblent à de l'ocre rouge. Lorsque l'oxyde de fer est en excès, il ajoute aux défauts des argiles celui de rendre ces terres impropres à la végétation, mais l'oxyde de fer en petite quantité paraît favoriser le développement des plantes.

TERRES SABLEUSES. — En opposition aux terres argileuses, les terres sableuses ne peuvent retenir l'eau au profit de la végétation. Si elles s'échauffent à la vérité facilement au printemps, par contre, elles deviennent brûlantes et se dessèchent promptement en été. La culture de ces terres en est toujours facile en toutes saisons. Dans les contrées froides et pluvieuses, elles sont en général plus fertiles que les terres argileuses. Les terres sableuses présentent naturellement un grand nombre de nuances selon que le sable domine plus ou moins. On les divise, en général, en terres *sables purs*, *sablo-argileuses*, *sablo-argilo-ferrugineuses*. — Les *sables purs* dont nous avons déjà parlé, se trouvent particulièrement sur le bord de la mer en sables mouvants ou en monticules sous le nom de *dunes*, et sur le bord des fleuves sous le nom de *grèves*, en Sologne et dans le département des Landes. — Les *terres sablo-argileuses* ne diffèrent des terres franches que parce qu'elles contiennent plus de sable que d'argile. Il est assez difficile d'apprécier, en pratique, le passage des unes aux autres. Ces terres qui sont d'une culture facile sont connues vulgairement sous le nom de *terres légères*. Dans les proportions de 49 p. $^o/_o$ de sable, de 26 p. $^o/_o$ d'argile et de 25 p. $^o/_o$ de calcaire, on peut les regarder comme types des meilleures terres ; elles ne sont ni trop compactes, ni trop meubles, étant perméables aux pluies, à l'air et aux plus faibles chevelus des plantes délicates et des céréales de toute espèce. Si la proportion du sable dans ces sortes de terres vient à s'accroître, au lieu de *terres à froment* ces terres deviendront des *terres à seigle*, des *terres brûlantes*. — Les *terres sablo-argilo-ferrugineuses* sont des terres sablo-argileuses qui contiennent une certaine quantité d'oxyde de fer.

TERRES CALCAIRES. — Les terres calcaires sont celles où la chaux carbonatée forme la base des terrains *crayeux*, *marneux* et de *tuf*. — Les *terres crayeuses* sont formées des deux tiers environ de calcaire, et d'une quantité variable de sable très-fin et d'argile. Elles sont à peu près stériles dans cet état. — *Terres marneuses*. Les *terres marneuses* sont celles dans lesquelles la marne, composée de carbonate de chaux et d'argile plus ou moins sablonneuse, se trouve à la surface du sol. Lorsque l'argile dans leur composition est plus abondante, elles se rapportent à la classe des terres argilo-calcaires ; quand c'est la chaux carbonatée, elles se rapprochent plus ou moins des terres crayeuses. — *Terres tuffeuses*. Le *tuf* est une craie plus compacte que la craie ordinaire. Il est ordinairement situé en sous-sol. Ramenée à la surface, il a pour effet premier, comme toute terre qui a été constamment soustraite aux influences atmosphériques, de causer la stérilité, et la terre en cet état est une terre *tuffeuse* que la culture améliore. — Les *terres tourbeuses* sont des terres qui contiennent peu d'argile, de sable et de calcaire, et un grand excès de débris de végétaux sous une forme analogue à la tourbe. Cette dernière substance résulte de la décomposition de végétaux qui ont fermenté *dans l'eau*, et comporte un principe acide qui la rend impropre à la végétation de toutes plantes autres que celles qui sont exceptionnellement fixées par la nature sur les tourbières. Remarquons ici que les détritus des végétaux qui se décomposent sous l'influence de l'oxygène de l'*air*, donnent naissance à du terreau et sont au contraire d'une fertilité excessive.

TERRES D'ALLUVION. — On donne ce nom aux terres superficielles que les eaux diluviennes ont déposées sur certains plateaux ou dans les vallées, mélangées des principaux éléments constitutifs des terrains cultivables de bonne qualité. Telles sont les fertiles plaines de la Beauce, de la Brie et du nord de la France.

DU SOUS-SOL. — Le sous-sol est la couche placée immédiatement au-dessous du sol cultivé. Cette couche est tantôt composée des mêmes éléments que la couche supérieure, et tantôt formée de substances d'une nature différente. Nous verrons, lorsque nous traiterons des amendements, l'influence que peut exercer le sous-sol sur la fertilité des terres.

DES AMENDEMENTS

Nous avons vu que le sol, pour être bon, doit se composer d'un mélange intime, et dans certaines proportions, d'argile, de silice et de calcaire. Ce mélange satisfaisant est rarement l'œuvre de la nature ; mais il peut être le résultat du travail de l'homme qui a la faculté de corriger, d'*amender* le sol en lui donnant les éléments ou substances qui lui manquent.—Les amendements sont les matières que l'on emploie pour modifier le sol et le rendre plus cultivable, mieux disposé à profiter de l'effet fertilisant des engrais. Les amendements ont donc pour objet de corriger les défauts qui rendent le sol impropre à la culture. Ces défauts sont au nombre de quatre principaux : trop de tenacité, trop de légéreté, trop d'humidité ou trop de sécheresse. Avant d'appliquer des amendements sur les terres, la première chose est d'étudier et de déterminer le plus exactement possible la nature, les parties constituantes du sol ; la deuxième est de connaître pareillement d'une manière positive la nature et la composition des substances qu'on veut employer comme amendements.

Comment on peut apprécier ou reconnaître les qualités du sol. L'apparence physique peut servir d'indices généraux pour apprécier, à première vue, les qualités du sol. Une terre brune ou de couleur jaune et divisée offre les premiers *signes de fertilité;* mais il faut qu'à quelques centimètres de profondeur elle soit assez humide et assez tenace pour se masser sous la pression des mains et redevenir pulvérulente ou facilement divisible entre les doigts. — *Une terre de mauvaise nature* se peut reconnaître à première vue, quand les parties sableuses n'opèrent aucune adhérence entre elles, et qu'au contraire excessivement argileuses et plastiques, elles se crevassent fortement durant les grandes sécheresses, ou se couvrent d'eau pendant les pluies et adhèrent très-fortement aux pieds, comme à tous les instruments aratoires. — Après un labour et un premier hersage, l'aspect particulier aux sols trop argileux ou trop sableux, ou meubles et offrant les conditions physiques utiles, se dessine en général d'une manière particulière. La terre argileuse humide reste en mottes consistantes et en sillons informes. Le sol sableux, au contraire, est alors pulvérulent, en grains sans adhérence, conservant à peine des traces de sillons. Le sol meuble et une terre bien amendée, contenant de l'humus, présentent, dans les circonstances ci-dessus, une forme moins déprimée. Ses parties adhèrent légèrement entre elles et les sillons y restent largement tracés.

Moyens de déterminer les parties organiques et inorganiques d'un sol. Les parties organiques d'un sol sont formées de la plus ou moins grande quantité d'humus qu'il

contient. Les parties inorganiques sont les substances terreuses d'argile, de silice ou de chaux qui sont les principaux
éléments constitutifs du sol arable. L'argile accuse la présence des alcalis, de la potasse surtout et de la soude; le
calcaire celle des phosphates, et la silice celle des silicates,
principes indispensables au développement complet des
plantes, notamment des céréales. Pour déterminer les quantités relatives des parties organiques et inorganiques d'un
sol, il en faut prendre en divers endroits, à une profondeur
de 16 à 20 centimètres, des échantillons, les soumettre sous
un poids connu à l'analyse suivante. — Il faut d'abord des-
sécher la terre à analyser; on la soumet à une chaleur douce,
de manière à ne pas décomposer les substances organiques
que cette terre renferme. Ensuite on prend cent grammes de la matière desséchée que l'on mélange dans
un vase avec un kilogramme d'eau de pluie. Après avoir
agité pendant quelque temps le tout, on le laisse reposer, et l'on décante le liquide dans lequel sont tenues en
suspension ou en dissolution toutes les matières organiques et solubles. On y trempe un morceau de papier teinté
de tournesol. Si ce papier se colore en rouge, ces matières
sont acides, et s'il prend une couleur verte, les matières
sont alcalines. On dessèche ensuite la partie insoluble de
manière à la débarrasser de toute matière liquide ou gazeuse, et l'on pèse le résidu. Ce qui manque aux cent grammes de terre essayée, est le poids des substances organiques
et des sels solubles contenus dans le sol. On délaye de nouveau ce résidu que j'appelle A, dans un kilogramme d'eau de
pluie ; on agite le mélange et l'on y verse, goutte à goutte,
du vinaigre concentré (acide acétique) jusqu'à ce qu'il ne se
forme plus de bouillonnement; le carbonate de chaux con-
tenu dans la terre est alors décomposé; l'acide carbonique
se dégage en globules gazeux, et le vinaigre s'empare de la
chaux pour en faire un sel qui reste dissous dans l'eau.
Quand on a laissé reposer le tout, on décante le liquide, et
à l'aide d'un entonnoir garni de papier gris on le filtre. La
matière insoluble restée au fond du vase, ainsi que celle qui
s'est attachée au filtre, étant recueillies, on les fait sécher,
et l'on pèse. Ce qui manque au poids du résidu A, est la
quantité de calcaire contenue dans le sol. Ce qui reste, nous

l'appellerons résidu B. Pour séparer ensuite l'argile de la silice, on soumet le résidu B à des lavages successifs, jusqu'à ce que l'eau, renouvelée autant de fois qu'il est nécessaire, sorte pure et limpide. Cette opération fait que l'argile qui se délaie dans l'eau est successivement enlevée. Le sable fin ou graveleux, étant insoluble et plus pesant, se précipite au fond du vase. On fait sécher ce précipité C. On le pèse ensuite, et la différence d'avec le poids du résidu B donne la quantité d'argile, et le poids du dernier précipité C est la quantité de silice. Si, par une synthèse, on réunit les quantités de calcaire d'argile et de silice que l'on a reconnues par cette analyse, on doit retrouver à peu près le poids du résidu A. Dans le cas où l'on trouverait une différence notable, il faudrait recommencer l'opération. En général, il est toujours bon de faire plusieurs fois ces analyses et d'en comparer les résultats pour en prendre une moyenne. Ces procédés, tous d'une exécution facile et sans frais, car ils n'exigent d'autres produits chimiques que du papier de tournesol et du vinaigre, donnent à l'agriculteur des notions suffisantes sur la nature des terres de son exploitation, et le mettent sur la voie des moyens propres à les rendre fertiles, car les terres que l'on peut regarder comme types des meilleurs sols sont celles qui sont formées de la manière suivante : Pour 100 parties : sable, 49; argile, 26 ; calcaire, 25. Lorsqu'on a déterminé la nature et la composition du sol, il reste à rechercher les substances les plus proches et les moins dispendieuses, propres à amender le sol.

Observations relatives aux amendements. L'amélioration des qualités physiques de la terre, par l'addition d'une substance dont le mélange corrige les défauts du terrain qu'il s'agit d'améliorer, est sans doute toujours dans l'ordre des choses possibles ; mais les circonstances où elle peut s'opérer avec profit ne se rencontrent pas constamment. L'agriculteur a donc toujours à calculer, d'une part, les effets immédiats ou successifs de l'amendement sur ses terres et, par conséquent, les résultats qu'il est en droit d'attendre pour l'accroissement de ses récoltes ; d'autre part, les dépenses qu'entraîne l'opération de l'amendement, les frais d'extraction, de chargement ou ceux d'achat, ceux de transport et du mélange avec la terre végétale ou éparpillement de la matière transportée. D'un autre côté, comme l'amélioration qui résulte de l'emploi des amendements a des effets durables, quelquefois assez lents, une opération de cette nature, toujours avantageuse pour le propriétaire, pourrait ne pas l'être pour le fermier s'il n'avait pas un bail d'une certaine durée à parcourir; mais, comme en général, les principales dépenses qu'entraine l'amendement d'une terre sont l'extraction et le charrois, le cultivateur qui a à son service des bras inoccupés dans certaine saison de l'année, en hiver par exemple, et des moyens de transport économiques qu'il serait obligé de laisser chômer s'il ne les appliquait à ce travail, est dans une position qui lui permet de donner à ses champs cette sorte d'amélioration; il en retire des avantages, tandis que tel autre n'y trouverait que perte, s'il était obligé de l'exécuter à prix d'argent.

Importance des amendements. Quoiqu'il en soit des observations qui précèdent, le plus grand intérêt s'attache à la question des amendements. Ce moyen d'améliorer le sol, quoique souverainement recommandé par tous les hommes d'expérience dans l'art agricole, est loin encore d'être aussi universellement employé qu'il devrait l'être. Et pourquoi? c'est que la routine, malgré les efforts incessants des comices agricoles, malgré les généreux enseignements des agronomes, malgré la constante sollicitude du gouvernement, règne encore plus qu'on ne le pourrait croire. A quelle cause l'Angleterre, la Belgique et le nord de la France doivent-ils, en grande partie, cette prospérité vantée de toutes parts, à si justes titres? aux amendements que ces contrées ne cessent d'introduire dans leurs terres.

Quels sont les amendements. Les parties intégrantes du sol étant l'argile, la silice et le principe calcaire, il s'ensuit que les amendements sont naturellement ces substances elles-mêmes, puisque c'est de leurs proportions diverses que résultent les divers sols féconds que la théorie agricole a reconnus. C'est pourquoi, un sol est-il argileux, c'est-à-dire ayant l'argile en excès, il conviendra qu'on le corrige en y portant la quantité de sable et de matière calcaire qui lui manque. Si le sable, au contraire, domine en excès dans une terre, elle devra être amendée par de l'argile ou de la marne argileuse. Enfin, si c'est la matière calcaire qui est excessive, elle réclamera pour amendements de l'argile et du sable.

Amendement des terrains argileux. Ne perdons pas de vue que ces espèces de sols sont, en été, d'une dureté presque insurmontable pour le labourage, et qu'en hiver ils forment une pâte tenace que soulève la charrue impuissante à diviser cette terre. Sans parler ici des travaux d'écoulement des eaux, indispensables dans les argiles, on reconnaît qu'un des meilleurs moyens de les rendre productives, c'est de les labourer fréquemment, de les diviser par tous les moyens possibles. Par conséquent, tous les amendements qui sont de nature à concourir à cette fin sont bons. Les plâtras de toutes sortes, le sable de grève, le sablon, les graviers, à la dose de 100 à 200 mètres cubes par hectare; de plus de la marne sableuse[1] ou de la chaux, en proportion considérable, des cendres; l'argile elle-même presque calcinée par un feu ardent; les fumiers longs de litière, les récoltes enfouies en vert, pourvu qu'on y mêle des engrais chauds ou de la chaux, pour en faciliter la fermentation et les transformer en humus, sont employés avec profit dans ces terres lorsqu'elles sont profondes, humides, basses et froides; autrement, lorsqu'elles sont situées sur des hauteurs et qu'elles n'offrent que peu de profondeur, l'emploi des engrais chauds pourrait les rendre trop brûlantes. Un des moyens d'amender les terres argileuses est encore l'écobuage. On l'emploie surtout quand les autres sont impraticables ou trop chers. L'écobuage consiste à laisser gazonner la terre, à enlever ensuite le gazon par tranches que l'on fait sécher au soleil, à les réunir en tas auxquels on met le feu à l'aide de bruyères ou de broussailles. On obtient ainsi des cendres fertilisantes que l'on étend sur le sol avant de le labourer. Les labours profonds pratiqués avant l'hiver, les cultures sarclées de pommes de terre, betteraves, carottes, navets, qui exigent que la terre soit remuée lorsqu'on les récolte, sont de bons moyens d'amender les terres argileuses. Un autre moyen consiste enfin à rendre la couche arable de plus en plus profonde, en entamant le sous-sol quand il est plus léger et plus perméable. Le drai-

[1] Voir pages 26 et 29.

nage des sols glaiseux et mouillés est singulièrement efficace pour les amender. On creuse, à un mètre et plus de
profondeur des tranchées s'entrecroisant, larges d'environ
66 centimètres ; on y met des tuyaux de terre cuite, poreuse,
qui reçoivent et conduisent les eaux. On peut faire un drainage économique, en remplissant à moitié les tranchées de
pierres et de morceaux de roc jetés pêle-mêle, qu'on re-
couvre ensuite de tranches de gazon retournées ; l'on jette
la terre par-dessus. Les eaux, si la pente est ménagée, s'é-
coulent au travers des pierres dans les tranchées.

Amendement des terrains sableux. — Les terrains sableux peuvent être améliorés par tous les amendements
qui ont la propriété d'en augmenter la consistance. L'argile, après l'avoir exposée longtemps aux influences de
l'atmosphère, écrasée sous le rouleau avant d'être en-
fouie dans le sol ; la marne argileuse ; en outre, les boues
des fossés, les limons des bords de la mer ou des rivières,
les décombres des bâtiments construits en torchis ; les fumiers gras des bêtes à corne, sont on ne peut plus favorables à ces terrains ; enfin, comme fréquemment les sols sableux reposent sur une couche d'argile, à une faible profondeur, il est souvent facile de les amender en entamant le
sous-sol par un second trait de charrue donné au fond de
chaque sillon.

Amendement des terrains calcaires. — Ces sortes de terrains sont, de leur nature, d'une désolante stérilité. Néanmoins, l'art agricole, secondé par les capitaux, ne saurait
être impuissant à les améliorer, si l'on y transportait de
l'argile, surtout de l'argile brûlée humide, et du sable.
L'humus pris à un sol qui en a en excès, est un excellent
amendement des sols calcaires. Ces moyens sont difficiles
et dispendieux ; c'est pourquoi, lorsque l'argile, surtout l'argile sableuse, se trouve constituer le sous-sol des terres de
cette nature, on obtient de grands avantages, sinon immédiats, du moins certains, à la ramener à la surface par la
charrue. En présence des difficultés que présente l'amendement des sols calcaires, il faut, le plus ordinairement, se
borner à l'emploi des engrais d'une nature grasse des bêtes
à cornes et d'une couleur noire, car la blancheur des sols
calcaires, en réfléchissant les rayons du soleil au lieu de

les absorber, contribuerait d'ailleurs à accroître leur infertilité.

Amendement des terrains tourbeux. — Il y a plus de profit à exploiter la tourbe quand elle est propre au chauffage que de transformer les tourbières en terres cultivables, opération toujours assez difficile et coûteuse. On amende les terrains tourbeux par l'écobuage et par l'emploi de la chaux dont l'action détruit le principe acide des végétaux qui ont fermenté dans l'eau, et les transforme en terreau. Tous les terrains qui se rapprochent plus ou moins des sols où l'un des trois principaux éléments des terres cultivables domine, peuvent donc être amendés en y introduisant celui des éléments: argile, sable ou chaux, qui y manque ou dont la présence révèle des proportions insuffisantes. D'après ces données que la théorie enseigne, le sol peut être amendé par le sol lorsque la main de l'homme vient réparer sur un point les imperfections de la nature en empruntant à cette dernière ses inépuisables richesses diversement réparties. La culture ou la pratique reconnaît particulièrement deux classes d'amendements, les amendements naturels et les amendements artificiels.

Des amendements naturels. — Les amendements naturels, comme on a pu le déduire de ce qui précède (pag. 2 et suiv.), sont l'air, l'eau, la chaleur et la lumière. L'air agit sur la plante que les feuilles ou folioles aspirent pour en absorber les gaz nutritifs, notamment l'acide carbonique. Il agit sur la terre en la pénétrant; il la rend propre à recevoir les engrais et les amendements pour nourrir les plantes. L'eau n'est pas moins indispensable à la terre que l'air. Sans eau, pas de culture, a dit Jacques Bujault; qu'elle soit de pluie ou de rivière, il faut de l'eau [1].

La chaleur est si indispensable aux plantes que, sans elle, tout languit dans la nature; la vie des végétaux est comme suspendue pendant l'hiver, et ne reprend son mouvement qu'au retour du soleil du printemps. La lumière joue aussi un rôle important. Toute terre dérobée à la lumière ne donne que des produits sans force. Privées de lumière,

[1] En Perse, où il pleut rarement, les terres cultivables qui donnent des produits abondants sont celles seulement que l'irrigation fertilise.

les plantes blanchissent, s'étiolent. On donne de l'air, de la lumière à la terre par les labours. On en donne aux plantes en ne semant pas trop dru, en ne plantant pas trop serré, sinon, en éclaircissant par des binages. Le soleil concentré par un châssis ou une cloche de verre donne de la chaleur au jardinier ; Dieu seul en donne, par son soleil, à l'agriculteur qui, à son tour, en donne à la terre par les labours. On obtient de l'eau par l'irrigation empruntée à un cours d'eau favorable.

Amendements artificiels. — Les amendements artificiels admis par la culture sont, principalement : *les labours et les défoncements, un bon assolement, une bonne irrigation, l'écobuage, le drainage, l'argile ou glaise, le sable, la chaux, la marne, le plâtre,* avec d'autres substances qui portent le nom de *stimulants.* — *Les labours* qui ont pour but d'ameublir la terre, de la rendre perméable à l'action bienfaisante de l'air, de la chaleur et de la lumière influent singulièrement sur la fécondité du sol, auquel d'ailleurs ils distribuent les autres amendements et les engrais. Les principales conditions d'un bon labour, c'est donc que la terre soit suffisamment ameublie, et que les parties soulevées par le soc au fond de la raie soient, non-seulement déplacées, mais encore ramenées à la surface ; tandis que celles de la surface sont au contraire entraînées au fond du sillon. Voilà pourquoi les labours faits à mains d'homme par la bêche sont préférables à ceux de la charrue. — *Le labourage est la principale et presque la seule source de fécondité de la terre* [1]. — Le nombre de labours à donner à un terrain dépend de diverses circonstances : 1° un terrain argileux, tenace et compacte a besoin d'être labouré et hersé plus souvent qu'un sol léger et meuble. Ce genre de terrain peut se labourer humide avant l'hiver ; mais il faut bien se garder de le retourner au printemps où en été lorsqu'il est pénétré d'humidité. — 2° Les terrains argileux, forts, humides et froids demandent à être façonnés en billons (dos-d'âne) étroits et bombés, d'une largeur d'un à deux mètres environ. — 3° Une terre sableuse, légère, meuble, demande à être labourée, plutôt lorsqu'elle est humide

[1] Duhamel.

que lorsqu'elle est trop sèche. Retournée dans un état trop sec, elle achève de perdre son humidité, ce qui diminue encore le peu de ténacité qu'elle possède. — 4° Si le sous-sol est favorable, il est toujours avantageux de labourer profond en ayant soin toutefois de n'augmenter que peu à peu la profondeur des sillons et de ne pas économiser les engrais. — 5° Une terre couverte de mauvaises herbes demande aussi à être labourée plus fréquemment qu'un sol propre et net. — 6° Il est convenable de faire précéder les semailles d'un labour à sillons étroits et profonds. — 7° Un cultivateur laborieux ne laisse jamais hiverner ses chaumes, sans labours. — 8° Les pâturages et les champs de trèfle doivent toujours être rompus avant l'hiver, parce que, sous l'action des gelées, la terre s'émiette avec beaucoup de facilité. — 9° Quand la dimension de la pièce de terre le permet, il y a de l'avantage à exécuter des labours croisés, c'est-à-dire une façon en long et l'autre en large. — Quand les labours atteignent le sous-sol et l'attaquent, ils prennent le nom de *défoncement*. — *L'assolement* est l'art de faire alterner les cultures sur le même terrain pour en tirer constamment le plus grand profit. Un bon assolement économise donc avec profit les forces chimiques de la terre qui, appelée à nourrir des plantes successivement diverses, trouve un repos suffisant dans le changement des récoltes qu'on lui demande.

Une bonne *irrigation* qui se fait dans les terres sablonneuses ou légères, améliore évidemment ces terres; il en est de même des prairies qui demandent de l'eau. — *L'écobuage*, pour compléter ce qu'il a de bon comme amendement, doit être suivi de deux labours pour faire le mélange des cendres et des terres. V. pag. 20. — Vient le *drainage* qui est le moyen le plus efficace d'améliorer les terres glaiseuses et mouillées. Si l'on recule devant les dépenses de cette opération, on doit au moins soigner l'entretien des fossés et rigoles destinées à l'écoulement des eaux.

La glaise peut convenir aux terres sableuses; *le sable* de toute sorte convient, ainsi que nous l'avons exposé, aux terres glaiseuses. Enfin, la *chaux* ou la *matière calcaire*, le plus précieux de tous les amendements par le grand rôle qu'il joue ou qu'il doit jouer dans l'agriculture.

De la Chaux comme amendement.

Par l'analyse chimique, la science a constaté qu'une plante *quelconque* contient toujours une certaine quantité de chaux, et de plus que toutes les terres cultivables en contiennent dans diverses proportions. De tous les produits agricoles les plus riches en chaux sont les colzas, surtout les plantes fourragères légumineuses, le sainfoin, le trèfle et la luzerne [1].

Si une terre peu riche en éléments calcaires a donné un certain nombre de récoltes, il est donc nécessaire de lui restituer ces mêmes éléments, afin de prévenir la moins belle venue des récoltes, surtout de celles des froments auxquels la présence du calcaire est indispensable. C'est un fait généralement acquis que, dans certaines terres, l'addition de principes calcaires produit des résultats vraiment remarquables. La quantité de ces terres est telle que M. de Puvis n'hésite pas à affirmer que *les trois quarts de l'étendue* du territoire français ont besoin, pour être fécondés, des agents calcaires. — Les agents calcaires sont fournis au sol sous diverses formes : 1° Sous forme de chaux en nature : c'est le chaulage. — 2° Sous forme de marne : c'est le marnage. — 3° Sous forme de calcaires coquillers : espèce de marnage. — 4° Sous forme de plâtras et débris de démolitions.

Nature de la chaux. On obtient la chaux en soumettant à une température qu'on élève jusqu'au rouge toutes les espèces de substances calcaires, marbre, coquilles, etc. La pierre à chaux, la plus communément employée, est un calcaire qui sert de pierre à bâtir formé sur 100 grammes de 56 de *chaux* et de 44 d'*acide carbonique.* Toutes les pierres à chaux sont des *carbonates de chaux.* Par l'effet de la cuisson, la pierre à chaux perd son acide carbonique et l'eau interposée entre ses molécules ; elle perd en outre, surtout lorsque la pierre est du carbonate pur, et la cuisson parfaite, environ 44 pour 100 de son poids. Le carbo-

---

[1] Sur 8,600 kilogr. de luzerne, on compte que la récolte, par hectare, prélève 150 kilogr., 2 de chaux.

nate de chaux est rarement pur, il peut être mélangé de silice, d'argile ou de magnésie. De là, on distingue quatre espèces principales de chaux qui ont des caractères propres et des propriétés spéciales.

Caractères propres aux diverses espèces de chaux. 1° *La chaux pure* ou *chaux grasse.* Elle se délite facilement au contact de l'eau avec un dégagement de beaucoup de chaleur; elle augmente de volume et *foisonne* beaucoup. C'est la plus active, la plus économique, celle qui peut produire le plus d'effet sous le moindre volume. Sa dissolution, qui est presque complète dans l'acide chlorhydrique étendu d'eau, ne donne pas des traces de silice insoluble. 2° *La chaux siliceuse* ou *chaux maigre.* Cette chaux se délite avec moins de facilité et foisonne moins. Soumise à l'acide chlorhydrique, elle laisse toujours un résidu plus ou moins abondant de sable. 3° *La chaux argileuse* ou *hydraulique.* Cette chaux se délite difficilement et elle se durcit singulièrement sous l'eau, en peu de jours. Soumise à l'acide chlorhydrique, elle laisse un résidu argileux que l'eau ne peut dissoudre. Pour l'employer en agriculture, il faut attendre qu'elle soit bien délitée. — 4° La chaux *magnésifère* se délite plus lentement et foisonne beaucoup moins que la chaux pure. L'acide chlorhydrique la dissout presque entièrement, et la dissolution donne avec l'ammoniaque un précipité blanc. — La chaux grasse et la chaux maigre sont réputées favoriser davantage la production du grain, et la chaux argileuse est plutôt avantageuse aux fourrages, à la croissance de la paille, aux prairies artificielles de plantes dites légumineuses.

Fabrication économique de la chaux. Lorsqu'on est loin des fours à chaux en activité, mais qu'on a sous la main des pierres calcaires en abondance, on peut, sans frais exagérés, convertir ces pierres en chaux par le procédé suivant. On fait choix des pierres les plus convenables, cassées au besoin, pour en former une voûte sèche où sont ménagés des interstices entre les blocs; il suffit que la voûte ait assez de solidité pour supporter une bonne charge de pierres cassées qu'on place au-dessus, en commençant par les plus grosses et en finissant par les plus menues. Ensuite, on allume, sous la voûte, un feu qu'on entretient avec des fagots, du menu bois, de la tourbe, des débris de houille de qualité inférieure, enfin avec toute sorte de combustible à bas prix. On entretient le feu jusqu'à ce que la masse de pierres soit chauffée au rouge; ce qui exige environ 72 heures de calcination. On laisse alors le feu s'éteindre et la chaux cuite se refroidir. Ainsi préparée, la chaux n'est pas parfaite, mais elle suffit pour les usages agricoles. On doit la porter immédiatement sur les terres ou la placer à l'abri de l'air et surtout de l'humidité.

Action de la chaux sur les éléments organiques du sol. Non-seulement la chaux procure à la terre une nourriture indispensable aux récoltes, mais elle agit encore, chimiquement, sur les éléments organiques et sur les éléments minéraux du sol. Le célèbre Davy a démontré que lorsqu'on a épuisé les fibres végétales de toutes leurs parties solubles, si on les met en contact avec de l'eau de chaux pendant quelque temps, elles abandonnent de nouveau une certaine quantité de matières solubles. C'est pourquoi, fournie au sol, la chaux par sa présence peut amener les parties organiques à l'état d'une entière dissolution. Quand la matière organique se décompose librement, elle donne naissance à de l'eau et à du carbonate d'ammoniaque, mais en présence de la chaux, le carbonate d'ammoniaque est transformé en carbonate de chaux et en ammoniaque, dont les plantes s'assimilent l'azote. On voit par là quelle action la chaux doit avoir sur les sols nouvellement défrichés où abondent des débris de végétaux. Si le sol est acide, la chaux en saturant l'acide le détruit, et forme avec cet acide un sel neutre solide qui sert directement à la nourriture des plantes; si le sol est riche en matières organiques, elle en facilite la décomposition et transforme ces matières de manière à être utilisées par les récoltes. En raison de ce pouvoir désorganisateur reconnu à la chaux, il importe de ne pas l'employer à très-haute dose, surtout au moment des semailles, parce qu'elle pourrait détruire les radicelles des jeunes plantes et les faire périr. D'un autre côté, une trop forte dose de chaux donne à la terre qui la reçoit, par suite de l'action calcaire sur les principes organiques solubles, une somme de richesses fertilisantes supérieure à celle qui lui était abso-

lument utile; il en résulte que la chaux, en excès, appau-
vrit le sol aux dépens des récoltes à venir, et cet appauvris-
sement est d'autant plus grand que le chaulage n'a pas été
accompagné d'engrais réparateurs. Telle est, sommaire-
ment, l'action de la chaux sur les éléments organiques de fertilité des terres; voyons quelle est son action sur les éléments minéraux.

Action de la chaux sur les éléments minéraux du sol.
La chaux confiée au sol entre en combinaison avec les
éléments de l'argile et de la silice, en opère la désagréga-
tion et, de plus, rend solubles les sels à bases alcalines (potasse et soude) dont les argiles contiennent plusieurs
principes ; le sol, par l'action de la chaux, se trouve en
possession de substances alcalines et de silice dans un état
avantageux à leur alimentation. L'introduction de la chaux
ou des autres matières calcaires dans des terres argileuses,
argilo-siliceuses comme dans les sols qui contiennent des
acides libres, tels que les bruyères nouvellement défrichées,
les marais, les terres tourbeuses égouttées, produit d'heureux effets. Ajoutons que la chaux, par sa causticité, cause
la destruction des œufs et des larves de beaucoup d'insectes. La chaux vive est tellement soluble dans l'eau froide que
la quantité d'eau qui tombe dans l'année en peut dissoudre
par hectare plus de 7,500 kilog. qui sont la mesure d'un
chaulage ordinaire. La chaux vive, solide ou en dissolution,
exposée à l'air ou mêlée à la terre, absorbe promptement
l'acide carbonique de l'air et dont le sol recèle toujours une
certaine quantité. Elle passe alors de nouveau à l'état de
carbonate. C'est donc du carbonate de chaux extrêmement
divisé que le chaulage procure au sol. Les effets du chaulage
ne se font guère sentir qu'après la première année.

Sols auxquels cet amendement convient. Une terre manque de chaux ou n'en contient que peu lorsqu'il y croît spontanément la fougère, la bruyère, le petit ajonc, le chien-
dent, l'oseille rouge, l'avoine à chapelet, l'agrostis, les petites graminées, toutes plantes qui infestent les sols siliceux. De plus, toute terre qui étant soumise à l'action de
fort vinaigre ne formera aucun *bouillonnement* sensible,
ne contient pas d'éléments calcaires suffisants. La chaux
convient à tous les sols composés de débris granitiques,

de feldspath, de mica, de schistes, à tous les sols argileux, froids et humides, enfin aux terres argilo-sableuses, aux terres sableuses. En tous cas, les chaulages, sur une grande échelle, ne se doivent faire qu'après avoir réussi en petit et sur divers points de l'exploitation, car un chaulage trop fort ou des chaulages trop fréquents, en l'absence de fumures suffisantes, sont susceptibles de nuire au sol autant que des chaulages bien ordonnés lui sont favorables, surtout avec l'emploi, assez souvent répété, de fumiers abondants.

Méthode et dose du chaulage. Plusieurs méthodes sont employées pour chauler les terres, et ces méthodes ont pour but de déliter aussi parfaitement et aussi promptement que possible la substance calcaire destinée à l'amendement d'un sol. La manière de chauler la plus généralement usitée consiste à déposer sur le champ des petits tas de chaux distants, entre eux, d'environ six mètres. On se hâte de les couvrir de terre. Au bout de quelques jours, la chaux tombe en poussière; on la répand alors sur le sol en couche mince pour la recouvrir immédiatement par un hersage énergique ou par un labour superficiel. Il faut éviter de répandre la chaux délitée ou en poussière, par un temps pluvieux, car ce serait risquer de la voir se combiner avec le sable de la terre pour former une espèce de mortier. La quantité de chaux à donner aux terres varie selon leur nature et le temps assigné à la durée du chaulage. Les terres fortes argileuses peuvent recevoir jusqu'à deux cents hectolitres, et les terres tourbeuses jusqu'à 600 hectolitres de chaux, suivant l'usage consacré par l'expérience. Ici, on chaule à raison de 40 à 50 hectolitres par hectare, tous les dix ans; là, à raison de 8 ou 10 hectolitres tous les trois ans, ailleurs, à raison de 60 à 100 hectolitres tous les neuf ans; A part les chaulages extraordinaires des Anglais, la moyenne quantité de chaux à répandre, par hectare, est de 3 à 5 hectolitres par an. La chaux entre dans un genre d'engrais appelé compost.

DE LA MARNE *et du marnage comme amendement.* On appelle généralement *marne* une substance composée en proportions variables de *carbonate de chaux*, d'*argile* ou de *sable*. On trouve aussi dans quelques marnes du *carbonate* de magnésie, du *sulfate de chaux* (plâtre) et de l'*humus*. — L'on désigne sous le nom de *marnes calcaires* celles qui contiennent au moins 50 et au plus 80 p. °/₀ de carbonate de chaux, le reste étant de l'argile ou un mélange de sable et d'argile ; sous le nom de *marnes argileuses*, celles qui contiennent de 10 à 50 p. °/₀ de carbonate de chaux, de 50 à 75 p. °/₀ d'argile, le reste étant du sable. On nomme *marnes siliceuses* ou *sableuses* celles qui renferment de 10 à 50 p. °/₀ de calcaire, de 25 à 75 p. °/₀ de sable, le reste étant de l'argile. — Le caractère dominant des véritables marnes consiste dans la faculté qu'elles possèdent, de se déliter à la manière de la chaux, lorsqu'elles sont mouillées ou qu'elles sont exposées à l'action de l'air pendant un temps suffisant[1]. — Le marnage est l'emploi de la marne comme amendement. La marne en raison de sa composition agit chimiquement et mécaniquement sur le sol. Chimiquement, en vertu du carbonate de chaux qu'elle contient. Elle se comporte alors d'une manière analogue à la chaux ; elle neutralise l'acidité de certains sols, facilite la décomposition des matières organiques. C'est pourquoi toute terre marnée ou riche par elle-même en principes calcaires *exige* de fréquentes fumures, attendu que la matière calcaire *brûle* les engrais. — La marne agit mécaniquement sur le sol, soit en ameublissant des sols trop compactes, soit en donnant de la consistance aux sols trop meubles ; ainsi en pratique :

1° Les *marnes calcaires* conviennent aux terrains argileux dépourvus de carbonate de chaux. — 2° Les *marnes argileuses*, aux terres légères, pauvres en argile, aux terres silico-calcaires où elles ne doivent être enfouies qu'après leur délitement complet. — 3° Les *marnes siliceuses*, aux sols argileux ou argilo-calcaires.

Recherche de la marne. Les terres qui produisent spontanément des sauges, des plantains, des pas d'ânes, des arrête-bœufs et des ronces, annoncent que la marne s'y trouve presque à fleur de terre. Lorsque ces indices manquent, on la découvre par les creusements de fossés, de puits, sur l'arrachement des pentes. Les couches sableuses la recouvrent ou la supportent ; enfin, on peut la rechercher

[1] I. Pierre.

par des sondages, et si elle n'est pas profonde, il est préférable de la tirer à ciel ouvert.

Comment on reconnaît la qualité d'une marne. On verse peu à peu sur un échantillon formé de plusieurs parties prises en différents endroits, de l'acide nitrique ou muriatique étendu d'eau ou même de fort vinaigre ; un mouvement d'effervescence annonce de la marne ; mais on n'a que de l'argile si l'acide s'étend sans boursouflement.

Emploi de la marne. La marne ainsi que la chaux doit être uniformément répandue sur le sol. Lorsque, par un temps sec ou de gelée, elle a été voiturée sur les terres où elle a été disposée, par petits tas, en lignes parallèles et distants entre eux d'environ sept mètres, on lui laisse passer l'hiver sur le sol afin que, par l'effet du froid, elle se délite bien ; on l'étale ensuite au printemps par un temps sec, et on l'enterre par un labour peu profond, après un ou plusieurs hersages. — La dose de marne doit varier selon la nature du sol, la richesse de ce calcaire et selon la profondeur des labours. — On admet, d'après M. Puvis, que la proportion de 3 p. $^0/_0$ en moyenne, dans la couche arable, doit suffire. M. I. Pierre estime que l'on obtient d'excellents résultats de marnage qui n'introduisent dans la couche arable que 1 p. $^0/_0$ et même 6/10e p. $^0/_0$ de carbonate de chaux. Mais supposons, par exemple, qu'une terre habituellement labourée à 0^{m}20 de profondeur ait besoin de recevoir 1 p. 100 de chaux par le marnage ; le volume total de la couche arable étant de 2000 mètres cubes par hectare, la quantité de chaux demandée sera de 20 m. cubes ou de 200 hectol. Si la marne dont on dispose contient 50 p. 100 de chaux, d'après l'analyse faite au besoin, par un pharmacien, il en faudra le double 40 mètres cubes ou 48,000 kilogr., un mètre cube de marne pesant 1,200 kilogr. Pour fournir la quantité de marne de 3 p. $^0/_0$ ce serait 3 fois 40 ou 120 mètres cubes par hectare. — Pour un chaulage annuel la dose de 3 à 12 hectolitres paraît suffire aux besoins d'une terre bien entretenue [1].

L'effet utile de la marne est très-durable. Les seconds marnages doivent être longtemps différés là où les premiers

[1] I. Pierre.

ont été très-abondants. Le marnage rend le grain du blé plus lisse, le son plus mince, la farine plus blanche. L'année où la terre est marnée, il faut lui demander, selon sa nature, et les conditions économiques de chaque pays, une récolte quelconque autre qu'une céréale : Le froment semé sur un marnage récent, fait convenablement, devient trop fort, trop pesant; il est sujet à verser. Pour marner, comme pour chauler, il ne faut pas mélanger le fumier avec la marne, mais fumer après l'épandement. Sans des fumures soutenues après le marnage, la terre ne tarderait pas à s'appauvrir, par cela seulement que la matière calcaire détruit facilement les éléments organiques du sol.

FALUNS. On nomme *faluns* ou calcaires coquilliers, des bancs de coquilles fossiles qu'on trouve sur les bords de la mer ou dans l'intérieur des terres. On le pose sur le sol à la quantité de 30 ou 60 charretées par hectare suivant la nature du terrain, comme la marne. Son action paraît au moins aussi efficace que celle de ce dernier calcaire, et sa durée se prolonge longtemps. On trouve en France des bancs de calcaires coquilliers dans beaucoup de lieux. C'est une de nos richesses minérales dont nous sommes loin de tirer tout le parti convenable.

Coquilles marines diverses. L'élément qui domine dans les coquillages de mer est le carbonate de chaux. Si les coquilles renferment encore les animaux auxquels elles servent de demeures, il est avantageux de les enfouir dès qu'elles sont répandues sur le sol. Dans le cas contraire, ces coquilles doivent être broyées, surtout si elles sont récentes, avant leur emploi. Dans les deux cas, le sol en est grandement amélioré.

DES PLATRAS *comme amendements.* Les débris de démolition ont, dit M. Puvis, une grande influence sur la végétation. Ils contiennent, outre des carbonates de chaux et un peu de chaux encore caustique, des sels déliquescents à base de chaux, des nitrates, des muriates de chaux, de potasse et des acides qui ajoutent à l'effet du principe calcaire sur les végétaux. Exclusivement convenables aux sols non calcaires, ils doivent y être répandus par un temps sec et enterrés peu profondément. Les betteraves préfèrent, dit-on, les plâtras salpêtrés à toute espèce d'engrais.

On les emploie à la dose de 200 hectolitres par hectare.

DU PLÂTRE *comme stimulant.* On emploie encore, pour amender les terres, d'autres substances qui agissent en même temps comme stimulants. Ce sont, principalement, le plâtre et les cendres. Ces dernières sont rangées aussi, à juste titre, parmi les engrais. — Le plâtre ou gypse est un sulfate de chaux composé sur 100 parties en poids de 33 de chaux, de 47 d'acide sulfurique, et de 20 d'eau. Son action énergique sur les luzernes, les sainfoins et sur toutes les plantes légumineuses; sensible sur le tabac, les choux, le colza, la navette, le chanvre, le lin et le sarrasin, est douteuse sur les prairies naturelles et nulle sur les céréales et les graminées. Le plâtre s'emploie cru ou cuit, réduit en poudre. On le répand ordinairement au printemps, par un temps humide, sur les récoltes, à la dose d'un volume égal à celui de la semence d'une céréale. Dans un bon sol, et semé à la dose de 200 à 600 kilogr. par hectare par un temps favorable, le plâtre double le produit des fourrages; semé au mois d'août, après la moisson, sur les trèfles de l'année, il fait produire une bonne coupe au mois d'octobre, si, surtout, il survient une pluie pour en faciliter l'action; son emploi exige un bon terrain et ne doit pas être répété souvent sur la même terre; car le plâtre, suivant M. Boussingault, en raison de la chaux qu'il contient, équivaut à un chaulage; répandu sur le fumier, le sulfate de chaux, broyé même sans être cuit, convertit le carbonate d'ammoniaque volatil qui se forme lorsque les matières azotées entrent en fermentation, en sulfate d'ammoniaque fixe et peut neutraliser ou de beaucoup atténuer la déperdition de l'azote, élément si précieux aux cultures.

LES CENDRES. — *Toutes les cendres* en général sont d'excellents stimulants en raison des principes alcalins, potasse et soude, qu'elles contiennent; mais comme les cendres de bois, utiles à l'industrie qui en retire de la potasse, sont assez chères, on emploie des charrées, des cendres de tourbes, de houille. On peut les répandre en toute saison, mais leur effet est plus efficace quand elles sont jetées par un temps sec. Elles favorisent les récoltes de tout genre. La dose peut varier de 50 à 100 hectolitres par hectare.

DES ENGRAIS

Il est démontré que tous les végétaux, par conséquent toutes les récoltes, enlèvent à la terre une certaine quantité de matières organiques et minérales que l'atmosphère seule ne peut lui restituer. Cela admis, il devient évident qu'un sol, quel qu'il soit, ne tarderait pas à devenir impropre à des cultures lucratives si des éléments réparateurs des pertes que les récoltes lui ont fait subir, ne lui étaient restitués. Ce sont les engrais qui restituent aux terres les matières fertilisantes qu'elles ont perdues. — A une époque qui n'est pas éloignée, où l'on ne considérait, dit M. Gaucheron [1], les substances minérales contenues dans les récoltes, que comme accidentelles ; on ne désignait comme engrais que les matières organiques, et l'on réservait le nom d'amendements aux substances minérales que l'on mélangeait avec le sol ; mais aujourd'hui que l'on a reconnu que certains sels minéraux, les phosphates principalement, sont tout aussi nécessaires à la formation des grains de blé que l'azote et l'acide carbonique, on a étendu la définition des engrais. On ne doit donner le nom d'amendements qu'aux corps qui, introduits dans un sol, ne servent qu'à en modifier la constitution physique.

Les engrais sont des substances qui, répandues sur le sol et mélangées à sa surface, réparent les pertes de ses principes de fécondité, ou les augmentent. Or, comme ces principes ne sont pas seulement l'azote et l'acide carbonique et le calcaire, mais encore les phosphates, les alcalis, la potasse et la soude qui, les uns et les autres, sont nécessaires au développement des récoltes et à la perfection des graines, il faut admettre comme engrais toute matière qui fournira un ou plusieurs de ces principes ou tous s'il est possible [2]. Les engrais se forment naturellement des débris de matières organiques animales, ou végétales, comportant en outre tous les éléments minéraux qui ont concouru à leur formation. C'est pourquoi les engrais de prime abord et naturelle-

[1] Cours de chimie agricole.
[2] Aussi la chaux, la marne, le plâtre et les cendres sont-ils considérés par la science comme engrais et amendements tout à la fois.

ment se divisent en *engrais animaux* et en *engrais végétaux*, et si l'on opère un mélange des uns et des autres, l'engrais qui en résulte est nommé engrais *mixte* ou *complet*. — Selon la manière dont les engrais se comportent dans le sol, les savants en établissent deux classes ; ainsi ils les divisent en *engrais chauds* et en *engrais froids.*

Les engrais chauds sont ceux dont la décomposition est rapide, qui perdent sans doute, par là, une certaine quantité de leur azote, mais qui ont la propriété de donner une impulsion vive à la végétation. Ce sont : les déjections solides et liquides des animaux, les guanos, la poudrette, le sang, les chairs, les cretons, les tourteaux ou marcs de graines, les sels azotés, ammoniacaux et les nitrates, les eaux ammoniacales. — *Les engrais froids* sont ceux qui se décomposent lentement et qui, s'ils ne rencontrent pas dans le sol les éléments nécessaires pour faciliter leur décomposition, peuvent ne pas fournir aux plantes, dans un temps donné, tous les éléments dont elles ont besoin ; ce sont les pailles, les chiffons et déchets de laine, les cheveux, les cornes, les ergots, les os, les rognures de cuir, les poils, les sabots, les plumes et les crins. Aucun de ces engrais employé isolément ne saurait être complet ; mais employés avec discernement, tous peuvent rendre de grands services à l'agriculture.

On voit que c'est avec raison que le fumier est appelé un engrais complet puisqu'il se forme de paille et de déjections animales ; il est à la fois un engrais froid et chaud. Si les exploitations agricoles pouvaient le produire en quantité suffisante, il pourvoirait à l'exigence de toutes les cultures, sans que jamais le cultivateur eût besoin de recourir, même pour les récoltes spéciales, aux engrais artificiels.

Relativement aux besoins du sol, une autre classification des engrais se trouve indiquée par la science, qui les divise en engrais *azotés*, correspondant aux besoins des terres calcaires, ce sont : le fumier, la poudrette, le sang, les urines, la chair, les tourteaux, la fiente de volailles, le guano ; et en engrais *phosphatés*, correspondant aux besoins des terres silico-argileuses privées de calcaire, ce sont : le noir animal, le noir de raffinerie, la poudre d'os, en outre la marne, le guano.

Quoi qu'il en soit, la pratique agricole considère les engrais selon qu'ils se produisent dans chaque exploitation, ou selon qu'ils sont produits en dehors des exploitations et fournis par le commerce. Les engrais produits dans chaque exploitation sont *les fumiers*, les *engrais liquides, les récoltes enfouies vertes*. Les engrais produits en dehors des exploitations et qui sont fournis par le commerce aux cultivateurs, sont principalement *les boues des villes* ou *gadoues*, le *guano*, la *poudrette*, les *os broyés*, la *suie*, le *noir animal*, les *chiffons de laine*, les *rognures de cornes*, l'*acide sulfurique*.

Valeur productive des engrais. Dans les engrais il y a à considérer la *valeur productive* et la *valeur commerciale*. La valeur productive ou agricole d'un engrais, c'est la quantité en plus du produit qu'on obtient par l'addition, sur un sol, d'une quantité donnée d'engrais, le prix de la semence étant déduit. Cette valeur est toujours en raison directe de la somme des principes fertilisants contenus dans l'engrais, *ammoniaque* et *phosphate*, corps réputés le plus nécessaires à la formation des graines, but final de l'agriculture. La valeur agricole établie pour le fumier par les agronomes est basée sur les chiffres suivants : 1000 kilogr. de fumier, déduction faite de la paille et de la semence, ont donné selon Gasparin 100 kilogr. de blé ; selon Kressig 87 kilogr. Telle serait la valeur productive du fumier. Mais si l'on recherchait quelle serait cette valeur d'après sa composition, on arriverait à un calcul qui dépasserait ce chiffre. En effet, 1000 kilogr. de fumier représentent 4 kilogr. d'azote, c'est-à-dire 4 kilogr. 800 d'ammoniaque que contient l'azote, de plus 2 kilogr. d'acide phosphorique représentant 4 k. 335 de phosphate de chaux. Or, 100 kilogr. de blé et paille enlèvent à la terre 3 kilogr. d'azote, c'est pourquoi les 1000 kilogr. de fumier devront donner — si tout l'engrais était utilisé — par leurs quatre kilogr. d'azote, 100 + 33 kilogr. de blé, en grain et paille. De même 100 kil. de blé, grain et paille, enlèvent 1 k. 620 gr. d'acide phosphorique qui représenterait 3 k. 500 gr. de phosphates ; c'est pourquoi 1000 kilogr. plus 20 kilogr. de fumier donneraient, dans les mêmes conditions, par leurs 2 kilogr. d'acide phosphorique, 100 kilogr. de blé en grain et en paille. On ne saurait, en pratique, obtenir un tel résultat, car l'expérience prouve qu'après la récolte il reste toujours dans le sol une certaine quantité d'engrais.

Valeur commerciale des engrais. La valeur commerciale d'un engrais se déduit de sa composition chimique vérifiée par l'analyse en prenant pour base la valeur commerciale du fumier. Les agronomes ne lui donnent pas tous la même valeur. On peut, généralement, dire que 1000 kilogr. de fumier rendus sur les champs valent 10 fr. Or ces 1000 kilog. représentent :

4 kil. d'azote à 2 fr. 25 c. le kil.	9 fr.
4 kil. de phosphate de chaux à 0 fr. 25 c.	1
Total	10

A l'aide de ces chiffres on peut évaluer, d'une manière approximative, un engrais quelconque du commerce, car si un marchand vous offre un engrais quelconque et dont il garantisse la composition représentée par 5 0|0 d'azote et 20 0|0 de phosphate, le prix approximatif sera :

5 kil. d'azote à 2 fr. 25 c.	11 fr. 25 c.
20 kil. de phosphate à 0 fr. 25 c.	5 » 00 »
Total	16 fr. 25 c.

Ce serait le prix de 100 kilogr. d'un pareil engrais relativement au prix du fumier dans les environs de Paris. Comme l'analyse chimique ne porte que sur des poids et non sur des volumes, si l'on achète des engrais à l'hectolitre, il faut s'assurer du poids de l'hectolitre.

DU FUMIER. Le fumier, avons-nous dit, est un engrais complet formé d'engrais animaux qui sont les engrais chauds et d'engrais végétaux qui sont les engrais froids. Les engrais animaux sont les excréments humains, les déjections liquides et solides des quadrupèdes, la fiente des volailles, et toute espèce de déchets provenant de l'organisation animale, tels que la chair, le sang, les os, le peau, le crin, la laine, les poils, les boyaux, etc. Toutes ces substances, dans l'exploitation, quand on peut les joindre au fumier proprement dit contribuent à en améliorer ou à en modifier favorablement la valeur. Tous les engrais animaux n'ont point les mêmes vertus ; ils varient non-seulement selon la nature, l'âge, l'état de santé des animaux qui les fournissent, mais encore selon le genre de nourriture qu'ils reçoivent. Les animaux maigres, mal nourris, vieux, donnent des matières moins fertilisantes. Les déjections solides et liquides d'un animal qui sera nourri de certaines plantes, ne seront-elles pas l'engrais qui conviendra le mieux à ces plantes? Le fumier des porcs que l'on a nourris de pommes de terre et de pois doit être le meilleur engrais des pommes de terre et des pois. La vache nourrie de foin et de betteraves donne un engrais qui contient toutes les substances minérales nécessaires au foin et à la betterave[1]. Les déjections de l'homme qui se nourrit à la fois, de chair, de céréales, et d'autres végétaux, par leur richesse en azote et en sels minéraux, sont les plus riches agents de fertilisation. En rangeant les déjections des animaux de ferme, d'après leurs différentes richesses, la science, d'après ses analyses, établit l'ordre suivant :

Pour les urines : le cheval, le mouton, la vache, le porc. Pour les excréments : le mouton, le cheval, le porc, la vache. En somme : le mouton, le cheval, la vache, le porc.

La fiente des oiseaux appelée *colombine* est considérée comme le fumier le plus actif et le plus riche en matière azotée. Séchée et réduite en poudre, on la répand sur les végétaux par un temps humide. On s'en sert principalement dans la culture du tabac, du lin, du colza ; une voiture de ce fumier, estimée cent francs, peut fertiliser 80 ares.

Quant aux débris des animaux morts, sang, chair, intestins, leurs principes riches en azote et en diverses autres substances fertilisantes sont hors ligne, et ces débris sont, en général, convertis par l'industrie en engrais spéciaux, sous des noms divers. L'exploitation, par raison de salubrité, les éloigne de son enceinte.

Les engrais végétaux sont la paille, le feuillage, la mousse, la fougère, les joncs, les roseaux, la tourbe, les balles des épis, et toute espèce de résidu de l'organisation végétale, tels que la sciure de bois, le tan, les marcs des fruits, les tourteaux de graines. Les végétaux, même lorsqu'ils sont dans un état complet de putréfaction, sont loin de fournir un engrais équivalent à celui qui provient des

[1] M. Gaucheron.

plantes ayant servi de nourriture au bétail. Ces végétaux, par leur séjour dans l'estomac des animaux, reçoivent les propriétés d'*animalisation* qui constituent le principal mérite des engrais.

Des engrais végétaux produits dans l'exploitation, tous ne possèdent pas non plus les richesses fertilisantes au même degré ; voici l'ordre établi par la science, des végétaux dont les pailles contiennent des éléments réparateurs. En premier lieu, les tiges du colza, puis celles du sarrazin, la paille de l'avoine, celle du froment, celle de l'orge, la paille du seigle. Les fanes de pommes de terre, riches en azote, occupent, parmi les végétaux ci-dessus, le dernier rang pour les principes alcalins.

Des matières qui servent à faire le fumier. Litières. La valeur d'un fumier dépend de la richesse en principes fertilisants des substances qui entrent dans sa composition. Ces matières sont les litières et les déjections des animaux. La valeur du fumier dépend en outre des soins qui sont apportés à sa préparation et à sa conservation. Les litières sont des pailles ou des feuilles employées pour procurer aux animaux un coucher favorable, surtout pour augmenter la masse des fumiers. Ces pailles sont de nature diverse, et si le fumier n'était composé que d'une sorte de paille, il aurait une qualité variable ou restreinte. Sans entrer dans des détails qui dépasseraient les limites de ce volume, nous dirons qu'en général, les pailles contiennent plus ou moins les éléments reconnus comme les plus fertilisants, *azote, acide phosphorique, alcalis*. Le tableau synoptique qui suit ajouté à ce qui précède pourra faire apprécier leur valeur agricole relative. Ordre de la valeur agricole des pailles.

Pour l'azote.	Pour l'acide phosphorique.	Pour les alcalis.
1° Colza.	Colza.	Colza.
2° Pomme de terre.	Sarrasin.	Avoine.
3° Sarrasin.	Froment.	Sarrasin.
4° Avoine.	Seigle.	Froment.
5° Froment.	Avoine.	Orge.
6° Orge.	Orge.	Seigle.
7° Seigle.		Pomme de terre.

Pouvoir d'imbibition des pailles et des matières terreuses employées pour litières. Les pailles ont la propriété d'absor-

ber les déjections liquides des animaux et de concourir, en
s'y mêlant ainsi, à la fermentation qui opère la préparation
du bon fumier. Cette propriété plus grande dans les pailles
de céréales les a toujours fait préférer, pour litières, aux
cultivateurs ; cependant plusieurs agronomes ont fait et recommandé l'usage des litières terreuses. D'après M. Boussingault 100 kilogr. de chacune des matières suivantes ont
retenu en eau après vingt-quatre heures d'imbibition :

100 kil. Paille de froment.	220 kilogr. d'eau.	
— d'orge.	285	—
— d'avoine.	228	—
— de colza.	200	—
— Feuilles de chêne tombées.	162	—
— Bruyères.	100	—
— Sable quartzeux.	25	—
— Marne.	40	—
— Terre végétale séchée à l'air libre.	50	—

Ces chiffres prouvent que, pour égaler le pouvoir d'imbibition de 100 kilogr. de paille de froment, il faudrait 880 kil.
de sable, 550 de marne, 440 de terre végétale sèche ; ils
tendent à prouver en outre que les litières terreuses ne
sauraient remplacer la paille avec profit, si ce n'est lorsque la
paille ou autres végétaux manquent à l'agriculteur.

Déjections des animaux. — *Déjections liquides. Urines.*
Les déjections des animaux sont plus riches en principes
fertilisants que les litières. Ces déjections sont liquides, ce
sont les urines, ou solides, désignées sous les noms de *crot-*
tins ou de *bouses.*

Si l'on fait évaporer mille grammes d'urine de cheval, on
obtient 124 grammes de résidu formé sur 100 de 63,6 de
matières organiques dont 12,5 d'azote et 36 de matières
minérales. On estime qu'un litre d'urine de cheval contient
à peu près 15 grammes d'azote. Or, comme un kilogr. de
blé, paille et grains contient 30 grammes d'azote, un litre
d'urine de cheval peut produire assez d'azote pour 500 gr.
de blé et paille. L'urine du bœuf et de la vache est moins
azotée que celle du cheval, mais elle est très-riche en potasse.
L'urine du porc, pauvre en azote, pauvre en principes minéraux, n'a que peu de valeur agricole. L'urine de mouton,
presque aussi riche en azote que celle du cheval, l'est moins
en matières minérales.

Déjections solides. Les déjections solides des animaux, moins riches en azote que les urines, sont beaucoup plus riches en phosphates insolubles. Les crottins de cheval, sur 1000 grammes, ont donné : eau 753 gr.; matières organiques 207; matières minérales 40. Ces crottins ne contiennent, sur 1000 grammes, que 5,50 d'azote, tandis qu'il y en a environ 15 pour mille grammes d'urine de cheval. Les 40 grammes de matières minérales contiennent : phosphate de chaux 16,48 ; sel de soude, de potasse et de silice 23,72. — Les bouses de vache, sur 1000 grammes, ont donné 3,20 d'azote et 13 de phosphate de chaux et de magnésie. Les crottins de mouton sont des plus riches en azote ; ils en contiennent 7,20 pour 1000 grammes. Les crottins de porc contiennent 7 pour mille d'azote et 20 pour cent d'acide phosphorique.

Composition du fumier. La composition du fumier est complexe. C'est le seul engrais qui réunisse presque tous les éléments fertilisants. Celui du mouton et celui du cheval, les plus riches en azote, sont, sous ce rapport, surpassés par le fumier de porc lorsque le porc est nourri de pommes de terre cuites et qu'il reçoit une bonne litière de paille de froment. Le fumier de vache vient après ; mais dans une exploitation agricole, il est tout à fait rare que le fumier de chaque espèce de bêtes soit recueilli séparément; on fait un mélange dans lequel, pourtant, ne se trouve pas compris le fumier de moutons qu'une pernicieuse routine laisse encore aujourd'hui amonceler pendant toute une année dans les bergeries. Soient 10000 kil. de fumier de ferme mélangé, dose de la fumure ordinaire d'un hectare. Le cultivateur porte dans ses terres, d'après l'analyse faite par M. Boussingault, 7930 kilogr. d'eau, 41 kil. d'azote ou l'équivalent 49 kil. 800 d'ammoniaque et 43 à 44 kilogr. de phosphate de chaux.

Production du fumier par tête de bétail. On estime que bien nourris et bien soignés les animaux de ferme produisent annuellement :

Bœuf et cheval d'attelage.	10,000 à	10,500 kilogr. de fumier.	
Vache laitière à l'étable.	10,000 —	13,500	—
Bête à laine.	350 —	500	—
Porc.	800 —	1,000	—

Notons ici qu'un mètre cube de fumier pèse 800 kilogr.

Or, comme la fumure d'un hectare doit être en moyenne 10000 kilogr., en divisant 10000 par 800, on trouve 12 mètres cubes et demi pour l'équivalent de dix mille kilogr. de fumier.

Traitement et préparation du fumier. — Le fumier, par les éléments qui le constituent, déjections et litières d'animaux, *est un mélange de matières carbonées, de matières azotées et de matières minérales;* les deux premières sont des matières solubles qui se dissolvent, se *fondent*. Les matières minérales sont insolubles [1]. Tout le soin de l'agriculteur doit consister à ne laisser perdre rien ou le moins possible de ces éléments. Le meilleur fumier d'étable pourrait ainsi être celui dans lequel le rapport de la litière aux déjections animales se réduit à la quantité de débris végétaux nécessaires à l'absorption complète des urines. Pour le cheval, la quantité de litière sèche doit être à peu près égale au quart du poids du fourrage consommé; les bœufs et les vaches en exigent davantage; les porcs encore plus, à cause de la liquidité de leurs excréments; plus la litière a été divisée, plus elle est susceptible de s'emparer des sucs liquides, de les incorporer dans ses tissus et de les recevoir dans ses cavités. Aussi, doit-on diviser le plus possible les pailles longues, avant de les mettre sous les bestiaux. Le fumier est d'autant plus disposé à la fermentation, que les litières sont plus foulées, trithrées et intimement mêlées avec les déjections. Parmi les cultivateurs, les uns veulent qu'on enlève le fumier fait tous les jours, parce que ce corps ne tarde pas à se décomposer et que les émanations gazeuses qu'il répand sont insalubres, parce que, restant sous les pieds des animaux, il peut passer à l'état de blanc et être altéré; d'autres veulent que le fumier séjourne seulement quelques jours sous les pieds des animaux pour que l'imbibition soit complète, et qu'ensuite on le relève; cette pratique est considérée comme la meilleure. Mais que va-t-il se passer? On transporte le fumier; on le répand dans la cour, le plus souvent dans un lieu bas, baigné par les eaux pluviales, atteint par le soleil sous l'influence atmosphérique. Le fumier ainsi déposé entre en décomposition; les matières

[1] M. Gaucheron, *Cours de chimie agricole.*

carbonées vont donner naissance à de l'eau et à de l'acide carbonique ; les matières azotées à de l'eau, de l'acide carbonique et de l'ammoniaque ; il y aura alors dégagement de ces fluides dont le plus important est du *carbonate d'ammoniaque* de sa nature très-volatil ; il y aura donc déperdition des principes organiques les plus favorables à l'alimentation des plantes ; il ne restera plus que les bases minérales unies aux acides, et qui sont des sels solubles et non solubles, de sorte qu'au lieu de fumier on n'a plus que du terreau que représentent les cendres. Cependant le tas de fumier s'est affaissé ; il en est découlé un liquide noirâtre, le *purin* ou jus de fumier, en entraînant toutes les parties solubles. Les expériences de la science ont constaté d'une manière irrécusable que le fumier ainsi abandonné sans soin, aux lois ordinaires de la décomposition, perd 1° *plus de la moitié* de son volume ; 2° *plus de la moitié* de ses parties solubles ; 3° près *des deux tiers* du poids de son azote. —Puisque le fumier est le meilleur engrais dont dispose l'agriculture, puisque ce corps peut ainsi perdre la majeure partie de ses principes, puisque enfin *sans fumier* il n'y a pas de bonnes terres et qu'*avec du fumier* il n'y en a pas de mauvaises, on est naturellement conduit à rechercher les moyens les plus propres à en empêcher l'altération ; or tous les agronomes conviennent que l'un de ces meilleurs moyens est le choix d'un emplacement.

Emplacement propre au fumier. L'aire de la place à fumier doit être pavée ou recouverte d'une couche d'argile, à l'abri des vents et de l'irruption des eaux pluviales, accessible aux voitures de l'exploitation, légèrement bombée, entourée de rigoles, garantie extérieurement des eaux de pluie et autres par une levée de terre compacte de 10 à 15 centimètres de hauteur pour recevoir et diriger dans un réservoir le *purin* qui découle de la couche. Ce réservoir, d'une capacité égale à la 45e partie de la totalité du tas[1], sera pavé ou enduit d'argile pour empêcher l'infiltration du jus du fumier. Par un tassement convenable, garantir les fumiers contre l'excès d'humidité qui empêche la fermenta-

---

[1] Ce réservoir est indépendant de la citerne qui doit exister près des étables pour recevoir les urines des bêtes à cornes.

tion, contre la chaleur qui l'accélère avec un excès préjudiciable. C'est pourquoi l'on a soin de disposer l'aire, quand c'est possible, dans un lieu entouré de grands arbres, et l'on a soin, aussitôt que l'on s'aperçoit d'un excès de chaleur (au-dessus de 30°) dans le tas de fumier, de l'arroser avec le purin du réservoir à l'aide d'une pompe. — Pour mieux prévenir encore toute perte de la matière azotée, le carbonate d'ammoniaque volatil, on introduit dans le puisard une certaine quantité d'acide sulfurique, et l'on répand sur le tas de l'engrais à mesure qu'il s'élève, soit du plâtre (sulfate de chaux), soit de la couperose verte (sulfate de fer); ces substances ajoutées convertissent le carbonate d'ammoniaque en sulfate d'ammoniaque soluble mais fixe, non susceptible de se perdre par la volatilisation. M. Quenard, agronome distingué, prescrit comme efficaces, à ce sujet, l'emploi des résidus des places à charbon, qui, d'ailleurs, répandus dans les étables, en opèrent la désinfection. — Enfin, les recherches faites par des savants ont eu pour résultat, entre autres conclusions, les suivantes relatives au traitement des fumiers : que, dans l'intérieur de la masse de fumier, sous l'influence de la chaleur, il se produit un dégagement d'ammoniaque, mais que, dans son passage à travers les couches refroidies, l'ammoniaque est maintenue et ne se dégage point au dehors; que lorsque les tas de fumier sont bien pressés vers la surface, l'ammoniaque ne s'en échappe point, mais qu'il s'en perd des masses considérables si l'on vient à le remuer; qu'il est plus nuisible qu'utile de prolonger la fermentation au delà du temps nécessaire; que, lorsque les fumiers sont soustraits à l'action de la pluie, la perte d'ammoniaque est minime; qu'enfin le fumier décomposé souffre plus que le fumier frais de l'action destructive des pluies. — Ces conclusions peuvent rassurer l'agriculteur sur la perte incessante du carbonate d'ammoniaque qui se fait dans la fermentation des fumiers. Elles admettent le fait de cette perte, mais en inclinant à la faire croire moindre qu'on peut le supposer.

Emploi du fumier. Plusieurs opinions se sont produites sur la question de savoir si l'emploi du fumier frais est préférable à celui du fumier fermenté. Il paraît aujourd'hui incontestable que l'action du fumier frais, surtout s'il est immédiatement répandu et enterré, est plus efficace et que les récoltes qui en résultent sont plus productives. Quant à la quantité de fumier à répandre sur les champs, elle peut varier selon la richesse du fumier. La fumure admise par les agronomes comme normale ou régulière doit être de 10,000 kilogr. ou de 12 mètres cubes et demi de fumier par hectare. M. Gaucheron expose dans son Cours, comme un fait établi par l'expérience, que, sur 2 hectares de terre d'une égale fertilité, une fumure de 12,000 kilogr. à l'hectare, a fourni une récolte de 15 hectolitres de blé et n'a donné par hectare qu'un bénéfice net de 9 fr.; qu'au contraire, en appliquant sur le même sol une fumure de 20,000 kilogr. par hectare on a obtenu, sur chaque hectare, un produit de 25 hectolitres avec la paille, 82 fr. de bénéfice net.

Des engrais liquides. Les riches cultures de la Flandre prouvent le parti qu'on peut tirer de l'engrais plus ou moins étendu d'eau que l'on nomme *engrais flamand.*

L'engrais flamand est composé, dans des citernes *closes* en maçonnerie, d'excréments humains retirés des fosses d'aisance et mélangés avec les urines des étables ou avec le purin des aires à fumier. Ces matières ainsi renfermées ne fermentent que très-lentement et acquièrent, au bout de quelques mois, une espèce de viscosité qui dénote le mérite de l'engrais. Quand on veut s'en servir, on extrait de la citerne, à l'aide d'une pompe, une certaine portion que l'on étend de 3 à 4 fois son volume d'eau. Pour transporter l'engrais liquide, on en remplit des *tonneaux d'arrosage* qui le versent très-également, sous forme de pluie, dans les prairies auxquelles il convient particulièrement. Pour fertiliser les champs destinés à la culture du lin, du colza, du pavot œillette ou d'autres plantes du même genre, on y délaie des tourteaux de graines oléifères avant de les répandre. On augmente encore l'énergie de l'engrais flamand en y mélant du sang de boucherie, du sel marin, de la suie, et quand la fermentation devient excessive, ce qui a lieu au bout de quatre semaines, on l'interrompt en y ajoutant de la chaux-vive. L'engrais flamand équivaut, à poids égal, au double du fumier ordinaire.

Lizier, ou engrais liquide de la Suisse. Cet engrais se prépare à peu près comme l'engrais flamand. Il se forme de purin et des déjections solides des animaux qu'on recueille dans plusieurs réservoirs contigus. Quand la fermentation arrive à l'ébullition du liquide, on y jette du plâtre ou de l'acide sulfurique pour fixer le carbonate d'ammoniaque.

Les principaux avantages de l'engrais liquide sont : 1° de fournir aux plantes des aliments tout préparés ; 2° d'utiliser toute la force de l'engrais et de secourir, à toutes les époques de l'année, les récoltes en souffrance ; 3° enfin, de supprimer la litière ou de la réduire là où la paille est rare.

Des composts. Les composts sont des mélanges de matières organiques et de substances terreuses que l'on arrange par couches pour en opérer la fermentation. On fait d'excellents composts au moyen de couches alternatives de terres, de fumiers, de débris végétaux (feuilles, herbes, joncs, fougères, roseaux, genêts, etc.) et de chaux récemment éteinte répandue par couches minces. On y fait entrer en outre la boue des chemins, les curures des fossés, la vase des étangs, les déchets des jardins, et l'on arrose le tout, de temps en temps, avec du purin. Quand la décomposition est suffisamment avancée, on mêle les couches et l'on transporte aux champs cet excellent engrais.

Récoltes vertes enfouies. Les substances végétales étant, comme les substances animales, formées d'éléments organiques et minéraux, peuvent fournir aux plantes les principes de leur alimentation. Enfouies lorsqu'elles sont en fleurs, elles ont beaucoup plus d'énergie, et peuvent au besoin remplacer les engrais animaux. On emploie les végétaux dont la croissance est rapide, et généralement ceux qui empruntent particulièrement à l'atmosphère les principes de leur végétation, le seigle, le sarrasin, les vesces, le lupin, la spergule, la navette. Les plantes enfouies vertes conviennent aux arbres et mieux aux terres légères qu'aux terres humides.

Engrais produits en dehors des exploitations. Les engrais produits en dehors des exploitations et livrés par le commerce sont pour le cultivateur souvent nécessaires, car il est reconnu qu'en France la production du fumier est insuffisante d'au moins moitié ; cependant comme les engrais industriels sont toujours très-dispendieux, il n'y doit recourir qu'en cas d'insuffisance des fumiers et des autres engrais résultant de l'exploitation elle-même. — Les principaux engrais industriels sont :

Le Guano. Cet engrais provient, dit-on, de déjections accumulées d'oiseaux marins. Celui du Pérou est réputé le meilleur. C'est une matière pulvérulente de couleur brune, jaunâtre, ayant une odeur ammoniacale prononcée. Le commerce fournit des guanos le plus souvent falsifiés dans lesquels la fraude, au détriment de l'agriculture, réalise des bénéfices scandaleux. Le guano du Pérou *quand il est pur* contient 14 0⌀0 d'éléments azotés et 24 0⌀0 de phosphates indispensables à la formation des récoltes; on le sème à la main sur le sol qu'on veut fumer, à la dose de 350 à 400 kilog. par hectare; cette dose équivalant à 10,000 kilog. du fumier nécessaire à une égale superficie. Des calculs récents tendent à prouver que, vu son prix élevé 38 fr. les 100 kilos, le guano employé comme engrais constitue l'agriculture en perte.

La Poudrette. C'est l'engrais humain qui a été desséché et désinfecté par des substances qui s'emparent de tous les éléments volatils de la matière fécale. La poudrette de Paris contenant 1,30 p. 0⌀0 d'azote et environ 10 p. 0⌀0 de phosphate, se vend de 4 à 5 fr. l'hectolitre. La fumure d'un hectare exige de 26 à 27 hectolitres ou 2000 kilogr. de cette substance pour équivaloir à la fumure de 10000 kil. de fumier; on la répand à la volée, au moment de l'ensemencement.

L'engrais Stanislas. Après de longs travaux, après une persévérance à toute épreuve, un savant chimiste, M. Stanislas Chodzko est parvenu à doter les cités de moyens de désinfection nouveaux et efficaces, et l'agriculture, d'une espèce de poudrette quatre fois plus puissante [1] que la poudrette vulgaire de Paris. C'est l'*engrais Stanislas* dit *atmosphérique* provenant aussi d'urines solidifiées par des procédés nouveaux, bien supérieur au guano du commerce. Prix 3 fr. l'hectol. Au Pont de Romainville.

Engrais phosphatés. — *Les os broyés.* Les os frais ou cuits dans les cuisines, en raison surtout de la grande quantité de phosphate de chaux qu'ils contiennent, forment un excellent engrais. Au lieu de les pulvériser, opération longue,

[1] Lettre de M. Boussingault.

on peut les réduire dans de l'acide chlorhydrique étendu de deux fois son volume d'eau. Après évaporation complète, le résidu se réduit facilement en poussière. Son emploi sur les terres calcaires est sans effet appréciable, et de longue durée sur les autres terres. Dose, 250 à 300 kilog. par hectare, mêlés au même poids de cendres de bois.

Le noir animal. Le noir animal est un charbon d'os calcinés, dans des vases clos. C'est l'engrais par excellence des terres nouvellement défrichées non calcaires. Pour obtenir une bonne récolte de seigle ou d'avoine dans ces terres on emploie cet engrais pulvérulent à la dose de 400 à 500 kil. par hectare.

Les rapures de corne. Cet engrais qui a des propriétés analogues à celles des os broyés se vend dans les fabriques de peignes et de coutellerie à raison de 9 fr. les 100 kilos.

La suie. La suie de toute nature a une grande énergie fertilisante, de plus elle a pour effet d'éloigner les taupes et les petits rongeurs et de faire périr les larves d'insectes nuisibles. La dose est de 150 à 200 kilog. par hectare.

Chiffons et déchets de laine. Cette matière qui est très-azotée est une source d'engrais importants et de longue durée. On les emploie effilochés et divisés le plus possible, ou bien en poudre qu'on obtient en les traitant par de la chaux vive ou de la potasse.

Engrais artificiel économique. L'engrais dont suit la composition réunit toutes les conditions du meilleur fumier. — On assemble environ une dizaine de mètres cubes (pour l'engrais d'un hectare) de végétaux de sarment de vigne surtout, en plusieurs tas que l'on saupoudre d'un mélange formé de 500 kilog. de chaux nouvellement éteinte, de 200 kilog. de cendres de bois, de 25 kilog. de soufre en fleur; on y intercale environ 300 kilog. d'os dégraissés, et l'on arrose les tas avec une solution de sel de cuisine (200 kilog.) mélangée d'urine ou de purin, de manière à mouiller la masse sans la noyer. Au bout de quelque temps la fermentation s'établit et toutes ces matières se réduisent en un engrais aussi énergique que peu coûteux.

GILLET-DAMITTE.

SAINT-CLOUD. — IMPRIMERIE DE Mme VE BÉLIN.

TABLE DES MATIÈRES.

La **Bibliothèque usuelle des Villes et des Campagnes** se compose d'un nombre indéfini de volumes sur l'Agriculture, — l'Économie domestique, — le Jardinage, — l'Histoire naturelle et l'élève des animaux domestiques, — le Commerce, — les Métiers principaux, — l'Industrie, — les Arts; le tout formant une véritable *Encyclopédie élémentaire*, au meilleur marché possible. Chaque volume de cinquante pages se vend séparément 30 c. et 35 cent. avec planches.

AMENDEMENTS ET ENGRAIS ou l'art de fertiliser les terres. Ce volume fournit, en substance, l'enseignement agricole actuellement donné par la science, sur les moyens les plus sûrs et les plus économiques d'améliorer le sol, de manière à en obtenir des produits avantageux.

ART DES FEUX D'ARTIFICE OU PYROTECHNIE.

Ce volume, accompagné d'une planche explicative, expose avec méthode et à la portée de tout le monde, la manière de faire soi-même, à bon marché, toutes les pièces qui entrent dans la composition d'un feu d'artifice; les pétards ou serpenteaux, les chandelles romaines, les fusées volantes, les bombes, les étoiles, les soleils, les décors; enfin donne les recettes de tous les feux français, chinois, persans, communs ou brillants; à l'usage de tous les amateurs des villes et des campagnes, surtout des lycéens ou pensionnaires en vacances.

PETIT MANUEL DE LA BONNE CUISINE
économique et simplifiée,

Rédigé d'après des notes fournies à l'auteur par un amateur de bon goût, sous le contrôle de plusieurs dames capables dans l'administration d'une maison, il offre à toutes les bonnes ménagères, aussi bien qu'aux fidèles servantes, les moyens de préparer économiquement tous les aliments; malgré le cadre resserré de ce volume, l'auteur a pu réussir à embrasser toutes les parties essentielles de l'art culinaire, et à donner 240 recettes diverses aussi simples que faciles à exécuter.

PROPRIÉTÉS DES ALIMENTS par rapport à l'économie domestique et à la santé.

SOUS PRESSE :

PETIT MANUEL DU CHASSEUR AU FUSIL, par un chasseur rustique.

L'ÉLECTRICITÉ APPLIQUÉE à la Télégraphie et aux communications rapides dans les maisons particulières.

Typ. CHENU, 21, rue Croix-de-Bois, à Orléans.